新潮文庫

お茶の味

京都寺町 一保堂茶舗

渡辺 都著

お茶の味

京都寺町　一保堂茶舗

目次

お茶の時間

お茶の味

京都寺町 一保堂茶舗

イラストレーション　塩川いづみ

京都寺町　春・夏・秋・冬

新茶のころ

春の雨は音までやわらかな気がします。旬《しゅん》のものを使うことがとくに尊ばれる京料理では、たらの芽やうどといったほんの少し苦味の感じられる食材が季節の移り変わりを感じさせてくれます。そして地の筍《たけのこ》の登場。朝取りの筍が八百屋に並びはじめますと、雨上がりの日には例のたとえが思い出されるほど、店先が籠《かご》に盛られた筍で賑《にぎ》やかになります。

筍の産地は全国に数々ありますが、京都近辺の筍は格別に風味がいいと聞きます。地表に姿をあらわす前に掘りだすそうで、柔らかいのが特長。掘りたてのものは生でもいただけるとか。毎年おいしくいただいていますが、それでも、とりわけ美味《おい》しい年とそうでもない年があるようです。

実はこの春先の筍が、五月の新茶の出来不出来を占うと、産地農家の方から聞いたことがあります。地温の上がり方で筍の豊作不作が分かれるように、その後の新茶の出来不出来や摘み取りの時期もこれで読めるというのです。もちろん新茶を摘み取る直前に霜にあたってしまうこともあり、日照時間、雨の量、朝晩の冷え込み方などの影響も加わってきます。しかしそれより一段大きな季節の流れで見てみると、「冬から春先の気候の総括」をいち早く「筍」が教えてくれるというわけなのです。

温室のように人間が管理できる環境であれば別ですが、普通の茶畑ではそうはまいりません。前年、刈り取りの終わった後からの手入れや肥やしの与え具合、秋から冬にかけて手かけ目かけて育てるということは、ある意味でとても地味な仕事であります。野菜や稲作のように、種まきして芽がどんどん生長する喜びほど目にみえるドラマは少ないかもしれませんが、地中でのさまざまに蓄えられた恵みが実を結ぶのが、茶畑ではお茶の新芽の勢いとなるのです。

旬の味は季節のたよりといいますが、まさにそのとおり。筍を召し上がる時は、地面の下からの久し振りのおたより、そう思うと味わい深いものです。

桜が咲き、惜しまれて散ってゆく四月。学校や会社も新年度になって新たに動き出す、なんとなく落ち着かない季節です。なかでもそわそわしているのが、私どもお茶を商う者ではないでしょうか。

この季節、別段私どもが出向いたところで立派な新芽のお茶になるわけでもないのですが、夫や社員は折を見て宇治方面の茶畑に足を運びます。私が嫁いだ頃まだまだ元気だった先代の父は、新茶のシーズンが近づいてまいりますと傍にいるのが怖いくらいピリピリして茶畑へ何度も足を運んでいたものでした。

摘み取りの始まる前の茶畑は、とくに晴天の日など、本当にうららかで静かなものです。宇治の近郊には、奈良や滋賀の県境にまでのびるなだらかな山に、茶畑が点在する風景が続きます。鹿児島のように平坦《へいたん》な茶畑があたり一面に広がる景色とはまた趣が異なり、特に煎茶《せんちゃ》用の露天園（覆《おお》いをしない畑）は山あいの急な斜面や谷間など、こんなところにもと驚くような場所にまで耕され作られていて、きれいなお茶の木の畝《うね》が続いています。

冬のあいだは畝全体が深緑にみえる茶畑は、毎年四月の初旬頃に萌芽《ほうが》し、芽吹いた新芽が少し伸びてくると、一面がきれいな黄緑の絨毯《じゅうたん》に覆われたように変化してゆきます。すくすくとまばゆいばかりに育っていく柔らかな新芽の色は、本当に美しいものです。畑に立つと、空高くさえずるひばりの声と、風になびく木々のざわめきが聞こえるだけで、あたりは静まりかえっています。ときおり遠くから途切れ途切れに声が聞こえるのは、山道を通る山菜摘みの人たち。

もうずいぶんと昔のことですが、亡《な》くなった父と家業を継ぐことになったその息子（すなわち私の夫です）と、我が家の一人息子の三人が茶畑へ出かけたときの写真がアルバムに残っています。息子が、まだ四歳のころ撮った写真で、写真の裏にはたどたどしい筆跡で「まさかず」（「さ」は鏡文字）と署名してあります。

携帯電話のカメラもデジカメもなかった頃のこと、出来上がってきた写真を見て、「ほんとのカメラでぼくが撮った写真だよ、折り紙のカメラとちゃうよ」と誇らしげに言っていたのを思い出します。茶畑をバックにしたはずのその写真は、下の四分の一ほどのところに父の輝く頭と笑顔、まだ黒髪だった夫の顔だけが仲良く並んでいて、その上いっぱいに初夏を思わせる青空がひろがっていました。

さて、この時期にいちばん心配なのは、よく晴れた夜の翌朝に霜が降りることです。「晩霜《おそじも》」のせいでせっかく芽吹いたばかりの新芽が枯れてしまうことがあるのです。ではこの「晩霜」にあった畑ではお茶は採れないのかと申しますと、そうではありません。枯れた新芽の脇《わき》からまた新しい芽が出てきますので、時期は少し後ろへずれてしまうものの収穫はできます。しかし品質でいえば、やはりその冬いっぱい蓄えた栄養分をしっかりと含んだ最初の新芽にかなうものはないのです。

不思議なことに新芽が出てからあまりに順調な気候でも、量的に不作だったり、素直すぎて平凡なお茶になってしまうことがあります。軽く霜の害を受けて多少困難な条件のなかで出来上がった新芽が、意外としっかりした品質の良いお茶になることもあるのです。何だか人生のあり方にも似ているな、とよく私は思います。

子どものころ「夏も近づく八十八夜」と歌って遊んだものですが、八十八夜とは「立春」から数えて八十八日目の五月二日（太陽暦）あたりを指します。そのことを知ったのは、実はこの家に嫁いでからのこと。四月初旬に芽吹いたお茶の新芽が生長を続け、収穫を迎えるのがちょうどこのころで、山では樹木に絡《から》んだ野生の藤蔓《ふじづる》が甘い香りの淡い紫の花をつける頃です。

ちょうど「旬」のタイミングに摘めるように手入れを続けた茶畑で、まさにその時期を狙《ねら》って摘まれ、製造された茶葉は、「新茶」独特の若々しく荒々しい香りと味を楽しめます。これは「露天園」で太陽の光をいっぱいに浴びてつくられた煎茶だけのものですが、この香りはどんなに厳重に保管しても時間の経過とともに消えてなくなってしまいます。遅くとも梅雨明けまでには飲みきっていただくことをお薦めしています。

日本茶は、茶畑で摘み取られた茶葉をすぐに蒸して、それから揉《も》みながら「より」をかけて乾燥させていくのが製茶の主な工程です。この工程のうち「蒸す」という作業は日本茶（緑茶）独特のもので、紅茶やウーロン茶と大きな違いがあるところです。蒸すことによって茶葉の酸化酵素の働きを止め、成分の変化を防いでいるのです。そのおかげで、日本茶だけが葉の緑色をそのまま保ち、ビタミンCなども豊富に含んでいるというわけです。

このようにして農家の方が製造された「新茶」のなかから、私どもの店の味筋に合う茶葉を集めてブレンドし、「今年の新茶」として発売します。できるだけ早くお客さまに楽しんでいただけるようにと、茶葉が入荷してからは毎日総出で仕事に当たり、出荷にこぎつけております。

新茶は新茶でしか味わえない香りと味を楽しんでいただくお茶です。大さじ山二杯（約十グラム）の茶葉を使って淹《い》れます。香りがいっそう引き立つように通常の煎茶を淹れるときより少し湯冷ましの時間を短くして、多少熱めのお湯で淹れることをお勧めしています。すぐに急須《きゅうす》の蓋《ふた》をして五十秒ほど待って、もたもたしないで、さあ出し切りましょう。この後二煎目、三煎目は、お湯を注いでから待つことなくすぐに出し切ってください。ふわっと広がる青々しい香りと味、この季節だけ味わえる旬の風味を楽しんでいただけるととてもうれしく思います。

冷たい玉露《ぎょくろ》

私どもの店は寺町通《てらまちどおり》の西向きに面しており、入り口に大きな暖簾《のれん》を四枚つるしております。この暖簾、冬場はこげ茶色の帆布に「茶　一保堂《いっぽどう》」と白文字で抜かれたものをかけており、これを以前は毎年六月一日に夏仕様の暖簾にかけ替えていましたが、最近は新茶の売り出しの日からいたします。夏用は白地の帆布に墨文字で店名の入ったものです。

冬暖簾の時期に店で仕事をしていても、とくに暗いと感じることはないのですが、夏用の白地の暖簾にいたしますと、店内は見事にぱぁっと明るくなります。とりわけ晴れた日には白地に光が反射して、店内からながめると暖簾をくぐってくださるお客さまに後光が差しているようにも見えます。

現在は暖簾の内側に自動ドアのガラス戸があるのですが、嫁いできた頃は広い間口が開けっ放しで、外との境はまさにこの暖簾だけでした。店内にはエアコンを設置していましたが、外気がつねに出入りしているものですからとても効率が悪く、夏場は外の歩道に向けて冷風が流れ出て、店の前を通る方々に喜ばれているほどでした。冬場はもっと大変で、店頭に立つ者もたくさん重ね着をして働いておりました。あまりにも店内が寒いので、お客さまもお買い物が終わるとすぐに立ち去られる……これが当たり前のことでした。

暖簾が風ではためいて雨や雪も入ってくる、そんな店先でしたが、古くから働いてくれている店の人がいうには、「昔はほんまに、ほんまに寒かったけど、身体《からだ》がそれに慣れてしまうと却《かえ》って風邪もいまみたいに引かへんかったように思います」。人間の身体は環境に応じて対応できる力を備えているものなのだと、少し耳の痛い話です。

夏を迎えると、暖簾だけではなく、障子を片づけて葭戸《よしど》に替えたり、店内の椅子《いす》の座布団《ざぶとん》を麻のものに替えたりと、忘れずにしなければいけない用意がたくさんあります。昔、裏通りにあった祖父の住まいでは、この季節になると、座敷の畳の上に籐《とう》をあじろに編んだ敷物を敷きつめていました。足裏が冷たくてとても気持ちの良いものでした。

鴨川《かもがわ》の西側を流れる「みそそぎ川」の上には、以前なら六月から、いまは五月になると、「床《ゆか》」が設置され、川からの涼しい風を受けながら食事ができるようになります。京の町なかをじっくりご覧になると、京都らしい蒸し暑い夏を少しでも心地よく過ごすための工夫、夏のしつらいを整えておられるところを、他にもたくさん見かけることができると思います。

暑い日に炎天下を歩いて汗をたっぷりかいたときにいただく飲み物は、喉《のど》だけでなく身体中に染《し》み渡り本当においしいものです。ペットボトルの飲み物は自動販売機でどこでも手にすることができますが、私は水筒に冷たい麦茶やほうじ茶を入れて持ち歩きます。

そういえば、昔、息子がカブスカウトに入ったとき、平べったい形のスカウト伝統の水筒を求めました。カブスカウトでどこかへ出かける時は、おにぎり三個とお茶だけでおかずのまったく無い「カブ弁当」でした。時には粗食で我慢すること、それから傷《いた》まないようにというふたつの意味でしょう。世話役の当番がまわって来た時、私は思い切って、その頃売り出されたばかりのステンレス製の、落としても割れない保温水筒を求めました。ステンレスの水筒には、暑い時には冷たくしたお茶、寒い時には温かいお茶をいれて大好評。よく活躍してくれました。自分専用のおいしいお茶を持っていると、安心で嬉《うれ》しいのです。

冷房の効いた部屋にずっといる方に冷たいお茶をとはお勧めできませんが、暑い戸外から戻ったときは格別です。でも、お湯を沸かして、湯冷ましをして、急須に注いで……とめんどうに思われる方に耳よりの話があります。

玉露は昔から日本にあったお茶のように思われがちですが、実は日本茶の仲間では歴史がいちばん新しく、幕末近くになってからつくられるようになったものです。宇治では江戸時代初めからずっと抹茶《まっちゃ》を製造しており、将軍家や各大名家にも納めておりました。やがて製造技術が進歩してくると抹茶用に栽培した茶葉が余るようになり、その新たな利用法を考えるなかで産み出されたものが玉露なのだそうです。つまり抹茶用に栽培した茶葉を、煎茶の製法で製造したお茶が玉露だったわけです。

茶葉は煎茶に似ていますが、比べてみると玉露のほうがより濃い緑色で香りにも奥深さが感じられます。淹れて口に含んでみると旨《うま》みが強く、独特の甘みが口のなかに広がっていきます。がぶがぶ飲むというより、名前の通り口に含んだときに玉を転がすように味わって飲むお茶といえるでしょう。

茶畑の様子は煎茶と同じですが、抹茶と同じく収穫の二十日ほど前から茶畑に覆いをして直射日光をさえぎって栽培されます。これによってお茶の渋み成分であるカテキンの生成が抑えられ、逆に旨みのもととなるテアニンがたくさんできるようになります。

この玉露を、初めての方にも簡単に味わっていただく方法があります。それは水、しかも氷水で淹れることです。大きめの急須に、十五グラムの玉露の茶葉をいれ、冷たい水をいっぱいに注ぎ、氷のかけらを三つほど加えます。そして蓋をして三十分ほどおいてから、出し切って下さい。見た目も涼しげに、小さめのグラスなどに注ぎ分けてもよいでしょう。ひんやりと冷たく旨みのしっかりしたお茶の味は格別です。二煎目は味が薄くなりますが、同じように水と氷を入れ十五分くらいで出してください。口に含むと舌の上に独特の旨みが広がり、飲みほすと後をひかずに清涼感だけが残るのはまさに自然のお茶の力だと思います。

普通、お茶を美味しく淹れるポイントには、①茶葉の量 ②お湯の量 ③お湯の温度 ④浸す時間があります。でも水でお茶を淹れるこの方法は、上の四つのポイントのうち①以外すべてを関西でいうところの「エエ加減」にしても大丈夫な、画期的な方法なのです。

この「水出し」の玉露、とくに「水出し」と謳《うた》っていない普通の煎茶や柳類《やなぎるい》（47頁参照）のお茶でも美味しくできます。「エエ加減」と申しましてもやはり茶葉はあまりケチらずにたっぷりめ、少々置きすぎても茶葉の「より」がゆっくりと時間をかけてほどけていくので、絶対に失敗することがありません。

夜寝るときに茶葉をガラスボトルに入れた水に浸して冷蔵庫に入れておきますと、朝には美味しい冷たいお茶が出来上がっています。ただし時間をかけてゆっくりと「より」を戻した茶葉がボトルいっぱいに広がり、前の晩と景色が変わっていてびっくりなさるでしょう。そのままにはなさらないで、茶漉《ちゃこ》しかザルでひらいた茶葉を除いて、お茶をガラスボトルに戻してお飲みください。

もうひとつ付け加えますと、ほうじ茶や麦茶の場合は、沸かした熱湯で淹れてあら熱をとってから、流水で冷やしたり冷蔵庫でつめたくするのがよいでしょう。ほうじ茶や麦茶のように最後に焙煎《ばいせん》して製造するお茶は、香りも豊かにお湯から淹れた方がやっぱり美味しいと思います。どちらかというと水筒やマグボトルに向くのもこの仲間でしょう。

抹茶のこと

抹茶や玉露、煎茶など、日本茶の種類を耳にしたことがない方はまずおられないでしょうけれど、その違いを説明できる方は案外少ないのではないかと思います。それぞれのお茶はいったい、どんなふうにつくられているのか。私自身、お茶を商う家に嫁いで初めて知ったのですが、お茶の木は同じでも、茶畑の様子には大きな違いがあるのです。

煎茶は太陽の光をしっかり浴びて育てられ、抹茶や玉露は茶摘みをする前の二十日間ほど茶畑に覆いをして、太陽の光を遮って育てられます。

抹茶や玉露を栽培する茶農家の方々は、四月上旬、その年最初のお茶の新芽が芽吹いてから、茶畑に覆いをする作業をなさいます。茶畑の上部全体に骨組みをつくり、そこに昔ですと葦《あし》や藁《わら》で、現在なら化学繊維でできた寒冷紗《かんれいしゃ》をかぶせて、茶畑を覆います。先にも触れましたように、そうすることによって葉が生長してゆくにつれ薄く柔らかくなり、色は緑濃くなってゆき、渋みのもととなるカテキンの生成が抑えられる一方、旨みのもとであるテアニンが多く生成されるようになります。新芽が充分成育したら、茶畑全体が覆われた薄暗いなかで茶摘みをし、それを製茶工場へ運び、すぐに蒸して酸化作用を止めます。この工程によって、日本茶の特色である、葉の緑色がそのまま残るのです。

抹茶の場合は、玉露や煎茶とは違い、蒸したあと「揉む」工程は経ずにそのまま乾燥させ、茎や葉の軸、葉脈を取り除き、茶葉の葉肉の部分だけを集めます。こうしてできたものが碾茶《てんちゃ》です。茶道では葉茶《はちゃ》と呼ばれ、これを石臼《いしうす》で挽《ひ》くと抹茶になります。微粉状の抹茶にしてからは長期間の保存はできませんので、保管には、この碾茶の状態で冷蔵します。

茶道では、十一月に「口切《くちきり》の茶事《ちゃじ》」が催されることがあります。これは、その年の五月に収穫した葉茶を詰めた茶壺《ちゃつぼ》の封を切り、その年の新茶を初めて味わう茶事。抹茶や玉露の場合、五月にできたその年のお茶（新茶）をすぐ飲むよりも、ひと夏越して味が落ち着いてから味わうほうが良いとされていることからです。まろやかさを楽しむ抹茶や玉露の場合には、確かにそのほうが、荒々しさの抜けた深い味わいになるように思われます。

製茶工場などを見学すると、その作業がほとんどすべて機械化されていることにびっくりなさるでしょう。でもくわしく伺ってみると、その機械の動きは、昔から人が手でやっていたことをそのまま置き換えたものだそうです。

碾茶を石臼で挽いて抹茶に仕上げる最終工程もそれと同じで、粉砕機があるにはあっても、今でもやはり石臼に勝るものはないと聞きました。石臼は上下二つの石の間に僅《わず》かな空間があり、またそれぞれの石には小さな溝が刻まれています。石臼の中心の穴から入れられた碾茶は、その僅かな空間を、臼の中心から外側に向かって螺旋状《らせんじょう》に溝を進んでいき、しだいに細かく挽きあげられます。

上の石を反時計回りに一秒に一回くらいの速さで回すと、三、四分かかってようやく石の外端から抹茶が出てきます。つまり、お薄《うす》一服分を用意するのにもけっこう疲れてしまうくらい石臼を回しつづける必要があるのです。花街でその昔、売れない芸《げい》妓《こ》さんには「お茶を挽かせて」いたことから、「お茶を挽く」という言葉にはあまり良い意味はなかったようです。

石臼を動かす動力がモーターになったいまでも、一秒に一回の速さは変わらず、石臼一台で一時間にたった八十グラムほどしか挽きあがりません。そして石臼の溝のメンテナンスがなかなか大変で、数百台の石臼を設置しておられる宇治の問屋さんには、石臼の溝の保守専門の社員の方もおられるそうです。

石臼で挽いた抹茶の粒子は、ゴツゴツの形になり、それに対して、粉砕機で作った加工用抹茶の粒子は、表面が均一に仕上がっているそうです。粒子が不ぞろいな方が味や香りが良い、というのも何だか不思議な感じがします。

昔はこの石臼は一般の家庭でも使われていました。わが家のお雛《ひな》さまのお飾り物に台所のミニチュアがあって、そのなかにも井戸やご飯を炊《た》く羽釜《はがま》、すり鉢、かまどの燃料になる薪《まき》や桶《おけ》などとともに、石臼があります。母はこの小さなおもちゃで幼い頃よく遊んだそうですが、今の私どもの台所には、電子レンジや冷蔵庫はあっても、もう石臼は存在しません。

ところで、現在のように抹茶を缶に入れて売り始めたのは昭和十年頃のことだったようです。それまでお茶屋は碾茶（葉茶）でお売りし、お求めの方が使う分だけご自分で挽いて召しあがっていました。店に残っている昔の定価表を見ると、ひとつのお茶銘に「葉茶代」と「挽き代」の二つの値段が示されています。挽いてお売りするときは、挽き賃もべつに頂戴《ちょうだい》していたわけです。

最近は食べるお茶が身体に良いといわれ、煎茶の茶葉を細かくして料理などに使われる方もおいでですが、抹茶はまさに「葉」そのものをいただくお茶です。茶殻も出ない、まことに簡便に楽しめる飲み物といっても差し支えないでしょう。

茶道の発展とともに現在に伝わってきた抹茶ですが、茶道の持つ精神性や作法、礼儀の素晴らしさが、ややもすると、ふだんの暮らしから抹茶を遠ざけるひとつの要因になっているかもしれません。抹茶と茶筅《ちゃせん》、茶碗《ちゃわん》とお湯さえあれば、どなたにも簡単に楽しめるのが抹茶です。もっともっと、気軽に楽しんでいただく方が増えてくだされればと考えております。

お茶の出番

近ごろ、食事の仕方をさす「ばっかり食べ」という言葉を耳にします。これはご飯とおかずとお汁物《つゆ》があったとき、おかずだけを先に食べ、次にお汁物というように、一皿ずつ食べていくことを言います。かつては、おかずを食べてはご飯を口にし、口の中で合わさった味を楽しむ食事の仕方が普通でしたが、これを「三角食べ」というそうです。今よりおかずの味が濃く、ご飯を一緒に食べたり、お汁で口中の味を薄めたりすることで、ちょうど良い味わいになっていたからかもしれないと読んだことがあります。

お弁当の中味には、汁の出やすいものとそうでないものがありますが、うちの息子は子どもの頃、おかずの汁がまわりに滲《し》みることを嫌がり、必ずおかずごとに厳重に分けて入れてほしいと言っておりました。これも「ばっかり食べ」の一種かもしれません。私はいろんなおかずの味がまじり合っているのがお弁当の楽しみのひとつと思っておりましたので、根っからの「三角食べ」派ということでしょう。

茶道のお稽古《けいこ》で、数々のお点前《てまえ》や所作《しょさ》を習い、ひとつひとつ身に付ける。いずれそれらを活《い》かす到達点がもっとも正式なお茶会である「茶事」の亭主をつとめること、と聞きました。釜や茶碗などの道具、花やお茶などを準備したうえで、「茶事」でまず亭主が用意する簡単な料理を懐石といいます。お招きしたお客さまに最後のお茶を美味しく召し上がっていただけるように、空腹を癒《いや》し気持ちを和らげて身も心もリラックスさせるものです。ご飯やお汁から始まり、向付《むこうづけ》、煮物、焼物、吸物、八寸《はっすん》とすすむなかでお酒を頂戴し、その食材や器から季節やご亭主の思いを感じ、最後におこげの入った白湯《さゆ》と香《こう》の物で器と口中を清めて食事は終わります。それからお菓子を頂戴して、いよいよクライマックスであるお濃茶《こいちゃ》、そしてお薄と続きます。

　この最後のお抹茶を美味しく頂戴できるように、素材や料理の仕方を工夫して考え出された懐石は、日本人の素晴らしい知恵の集大成だと思います。器の取り扱い方、いただく順番などたくさんの約束事があって大変なように思いますが、実は身も心も気持ち良くおいしくいただくための合理的なルールの積み重ねであることと習えば納得できるものです。

　しかし毎日の食卓では、このようにはまいりません。時には冷蔵庫の残り物の整理であったり、賞味期限切れになってしまったハムをどう調理してみるか……このようなことに頭を悩ますのが普段の台所仕事です。毎日三度の食事を用意していると、錠剤みたいなもので簡単に済ませられたらいいのにと思ってしまうことさえあります。でも体調を崩して何も食べたくなくなったとき、日々おいしく食べ物をいただける健康のありがたさを身にしみて感じるのも事実です。よくひかれたお出しの味や作りたての豆腐を口にしたとき、おいしいと感じられるのは、何よりの幸せと言えるでしょう。

食べ物の好き嫌いも、ほんのちょっとしたことがきっかけになったりします。私の里の母は三人の子どもを育てながら、父の診療所の入院患者さんの食事の献立作りまでする、とても忙しい日々を送っておりました。母は「栄養たっぷりのトマトは、これから大きくなる子どもたちが食べなきゃね」と言って自分の皿のトマトまでいつも分けてくれたものでした。トマトが今よりも高価な頃、なんとやさしい母なのだろうと思っておりました。ところが後になって実は、母自身がトマトは大の苦手だったことが判明。そんな手にのせられ、おかげさまで私は何でも好き嫌いなく食べられるように育ちました。

それにしましても、いろんな食べものの本当の味が分かるようになるには、案外時間がかかるもののようです。実は夫は大人になるまで生姜《しょうが》が嫌いで冷たい素麺《そうめん》にも入れませんでしたし、息子にいたっては結構な年まで「さび抜きのお寿司《すし》」の愛好者でした。

日本茶にもいくつか種類があり、また産地によってもそれぞれ特徴がありますから、どのお茶でも最初から皆さまの口に合うとは限りません。よくお寿司屋さんでは大きな湯飲みに、煎茶や玉露の粉茶を出したお茶がたっぷりと入って運ばれます。ほどよい頃合に熱いものにさっと差し替えられるのも嬉しく、わさびなどと同じように生臭さを消す役目もあるように聞きました。おいしいお酒とともに食事をというのももちろん魅力的ですが、お食事の最中にいただくお茶には、いろんな味を楽しめるように口中をその都度リセットしてくれる役目があると思います。「煎茶は苦いから」とか「お茶よりお水の方が……」と敬遠しがちな方もおいでかもしれませんが、お茶のお好みもちょっとしたきっかけで変わってくるものではないかと思います。

肌寒くなると、食事のお伴には熱々のお茶がふさわしいように思います。熱湯でさっと淹れられる柳類のお茶がおすすめです。これは煎茶用として作られた茶葉のなかで、少し大きくなったものを集めたもので、熱湯でさっと出していただけます。煎茶風の軽い風味で、気軽に召し上がっていただけるお得なお茶です。

この柳類の茶葉をゆっくり加熱して焦《こ》がしたものがほうじ茶で、洋風のおかずにもよく合います。すぐきやどぼ漬け（ぬか漬け）などで、お茶漬けにするのにもピッタリです。うなぎの佃煮《つくだに》やマグロのヅケや鯛《たい》のお茶漬けには、玉露や煎茶の粉茶か茎茶（雁《かり》ヶ音《ね》）があいます。少し感じる甘いまったりした味わいの中に渋みもあって、ご飯といっしょになるとさっぱり感を出す役目をしてくれるからです。またこれからお鍋《なべ》などを囲むときは、冷たく冷やしたほうじ茶もよろこばれるのではないでしょうか。

食欲の秋、冬ごもり前の熊《くま》ではありませんが甘いものがおいしく感じられる頃です。京都なら甘泉堂さんの栗蒸《くりむ》し羊羹《ようかん》、澤屋《さわや》さんのきな粉いっぱいの粟餅《あわもち》、亀末廣《かめすえひろ》さんの「かるかる」……挙げていけば限りなく続いてしまいます。秋の山々や色づきを想《おも》わせる「きんとん」など見て目に楽しい、食べておいしい和菓子です。

畳に正座して緊張して頂戴するのが抹茶と決めてしまわずに、自己流にお台所でおうちにある器を使って茶筅を振っていただくと違った楽しみ方が見えるかもしれません。あるいはちょっと落ち着いて、ゆったりした気分で玉露を淹れてみるのはいかがでしょう。作りたてのアップルパイに煎り番茶……組み合わせを考えるだけでも心が躍ります。秋に向かう時期、どうぞいろんなお茶の出番が増えますように。

雁《かり》ヶ音《ね》

昔から日本では、「茶柱が立つ」のは何か良いことがある兆《きざ》しと言われています。茶柱を見つけた時には、誰にも見られないうちにそっと飲みこむのが良いと小さい頃に祖母から教わりました。でも軸のようなものを丸飲みするのは、子供の私にとってむずかしいことでした。茶柱はもともと日常使いのお茶の茎ですが、最近の急須は中に目のこまかい網を付けて葉や茎が出ないようにしてあるものが多く、またティーバッグなどでは中味の葉や茎が出るはずもありません。

さて、畑で摘まれたお茶の新芽は、まず蒸して酸化酵素の働きを止め、そのあと熱を加えて乾燥させながら揉んで「より」をかけていきます。こうして出来上がったものを荒茶《あらちゃ》といいます。花粉《はなこ》は、煎茶を仕上げる時にできる細かい粉茶です。精選の過程で生まれるもので、花粉のほかにも玉露粉も焙《ほう》じ粉《こ》もあります。お茶はどの部分も、決して無駄にしません。それぞれすべてに生かす道があって大切にいたします。粉茶はコストパフォーマンスにすぐれていてお寿司屋さんなどで好まれ、布でこしたり、袋に入れて使われます。粉ですから高いものではないのですが、上手に出せばとてもおいしいお茶です。

荒茶から芽や茎や粉を取り除いた葉の部分を仕上茶、その選り分けた茎の部分が茎茶になります。茎と言っても茶種によってずいぶん異なり、茶柱になるような立派な硬い茎は番茶に多く、玉露や煎茶の上級品は、畑で十分肥料を与えて栽培されるため、茎そのものも柔らかく、いわゆる茶柱にはなりません。二番茶などのお茶で、大きく育った茶葉の茎が子供のころの茶柱のお茶かもしれません。現在ではこのような下級品のお茶の多くがペットボトル用のお茶の原料になっています。「茶柱」にお目にかかる機会が減ったのはそのせいもあるでしょう。

この選り分けた茎の部分だけを集めて作った茎茶は、昔から「雁ヶ音」と呼ばれてきました。この不思議な名前の由来のひとつである「雁の話」を本で読んだことがあります。初冬にシベリアから群れを成して飛来してくる雁は小さな枝をくちばしにくわえて飛び、疲れると時折海に浮かべてこれを止まり木にして休みました。しかし海を渡るのには必要だったこの小枝も、陸地に到着すると不要になり、浜辺にたくさん置かれていきます。季節が巡って春先に北へ戻る雁たちは、再びその浜辺に寄って捨て置いた小枝を拾って旅立つのだそうです。ところが悲しいかな日本で過ごす間に命を落とす仲間もたくさんいたようで、浜辺にはたくさんの小枝が残ってしまうというお話。津軽地方（青森県外ヶ浜）では、この小枝を集めて命を落とした多くの雁の供養《くよう》を兼ねて「雁風呂《がんぶろ》」という風呂を焚《た》く風習がありました。その残された小枝がお茶の茎に似ており、別れた仲間を思う悲しげな雁の鳴き声から「雁ヶ音」と言うようになったとか。茎茶すなわち「雁ヶ音」が好まれるのは、山形あたりの茎ほうじ茶、加賀の棒茶、出雲《いずも》地方の白折茶《しらおれちゃ》などで、日本海側に多いのもこの雁のお話がまんざら無関係ではないのかもしれないと、お茶問屋さんが教えてくださいました。

茎の部分を集めたお茶には、玉露雁ヶ音や煎茶雁ヶ音、茎ばかりを焙じた茎ほうじ茶があります。葉と異なり中味が詰まっているからでしょうか、茎には、独特の甘い香りとコクのある甘みや旨みを感じます。玉露や煎茶の雁ヶ音は、少し湯冷ましされて淹れますと、それぞれの味や香りを楽しむことが出来ます。もっと気軽に、熱めのお湯でさっと出し切っていただいてもよいでしょう。お料理屋さんによってはその濃厚な風味がいいとおっしゃって、茎ほうじ茶をお使いになるところもあります。

ところで、荒茶から茎や芽、粉を選り分ける作業は一体どのようになされているのか、それが素朴な疑問でした。夫の母がまだ幼い頃、つまり昭和の初期までは「茶選《ちゃよ》りさん」と呼ばれる女性が私どもの店には大勢いたそうです。この人たちの仕事がまさに「茶選り」で、黒い色の天板の上に荒茶を少しばらまき、それを両手の人差し指を使って葉と茎に分けていたのだそうです。製茶された荒茶の茎は白く見えるので、白いものを右へ、黒く見える葉を左へと選り分けていく。でも膨大な量のお茶を選り分けるのは大変な作業、茶摘みとおなじで手はずっと動かしていなければなりませんが口は空いているので、おしゃべり好きで根気のある女性に向いていたのでしょう。

現在ではもちろん「茶選りさん」はおらず、機械で選別できるようになっています。昭和十年頃に静電気を利用して茎と葉を分ける機械が発明されてから進歩を続けてきたそうで、今ではカメラで色を選別して選り分けるものになっていると夫から聞きました。お茶の芽や粉を選り分けるのも、昔、箕《み》を振るって選り分けていた原理そのままで、風力を利用した機械に進化しています。茶葉の長さや太さを揃《そろ》えることも、昔からの道具を上手に機械に置き換えたもので、今では効率良く、なおかつ衛生的に大量の作業ができるようになりました。

「雁ヶ音」という呼び名は風情《ふぜい》があってとても良いと思うのですが、「雁ヶ音」と聞いてすぐに「茎茶」と分かる方が少なくなってきているのも事実です。以前は「雁ヶ音」という表記の下に（茎茶）とカッコつきで説明しておりましたが、今ではカッコの中が逆転し、茎であることを表に出し、「雁ヶ音」はサブ的存在になってしまいました。

ところで玉露でも煎茶でも「雁ヶ音」にお詰めしている茎茶は、実は上等な荒茶から選り分けたものです。品質が高い割にはお手頃な値段のお茶で、このあたりのことをもっとアピールしても良いのですが、残念ながら出来る量が限られているのでなかなかむつかしいところです。

私どもがお茶の淹れ方教室を開くときは、スタッフお揃いのエプロンを制服がわりに着用します。その胸元には社名とともにお茶の入った湯のみ茶碗の刺繍《ししゅう》がしてあります。よく見るとちゃんと茶柱が一本デザインされています。何といっても縁起物でございますので。

篩《ふる》い

「お茶人《ちゃじん》さんは、お家《うち》が火事になったとき、いの一番に炉の灰の入った甕《かめ》を持ちだされる」――これは母がよく言っていた話でした。十一月から四月まで茶室の炉で使う灰は、手入れをしながら使いつづけることでより味わい深い灰になるようで、お金と交換で手に入れることができる茶道具よりも、茶道をされる方にとっては遥《はる》かに大切なものだと教わりました。

店の繁忙期を除いて毎週茶道の先生に来ていただき、社員が交代でお茶の稽古をいたしております。熱心に手入れを続けてきたわけではないので立派なものではありませんが、その稽古場の炉の灰の手入れをするのが夏場の大事な仕事となります。ずっと母がしていたことですが、私たちが一緒に暮らすようになってからは、私や夫の仕事になりました。

真夏の土用の頃のカンカン照りの晴れた日が続くときを選んで、この灰作りをいたします。いろいろな方法があるのでしょうけれど私どもでは、お稽古で炉中に炭の準備をするときに、灰をあらため炭のかけらなどを取り除きます。晩秋から春先までの約半年間、炉で使用した灰を大きなポリバケツに移して水を入れてかきまぜ、浮きあがってくる灰汁《あく》や炭のかけらを取り除きます。何度か水を入れ替え、濁らなくなるまで繰り返します。灰がきれいになった段階でゴザなどに広げ、直射日光に当てて適度に湿り気が残るほどに乾かします。番茶を煮出しておき、これを如雨露《じょうろ》で満遍なく半乾きの灰に掛け、また直射日光で乾燥させます。番茶を掛け乾燥させる作業を何度か繰り返し、番茶色に染まったところで第一段階は終わります。

ときには乾かしているうちに雨が降りだし、ゴザごと軒下に移すこともあります。何といってもお天道様《てんとさま》相手の仕事ですから、年によっては陽射《ひざ》しが弱くて雲が多く、時間ばかりかかって、出来上がりが良くないこともあります。カンカン照りが何日か続くときでないと、なかなかうまくいきません。ゴザを使うとゴザの目の間から灰が流れ出てもったいないので、最近は夫の苦心の末のアイデアで、大きなプランターに広げて乾かすようになりました。しかも今はビルの屋上でしておりますので人さまの視線を気にすることなく作業ができます。少し前までは駐車場でゴザを広げてやっておりましたから、通りがかりの人や近所の方が不思議そうにご覧になり、「何してはるんですか？　泥遊びみたいやなあ」というお尋ねにもお応《こた》えしながらで、いろいろな話に花が咲く場にもなっておりました。

程良い湿り加減を残すまで乾燥させてから、最後に篩いの網目を通しながら保存用の器に移します。満遍なくほぐしながら乾燥させているつもりでも、細かい粒子のためかけっこう堅い塊があってびっくりさせられます。網目の上に灰の塊を置き、しゃもじなどで潰《つぶ》しながら濾《こ》すのが効率良いように思います。網の目を通らない炭のかけらなどを丁寧に取り除いていくと、篩われた灰は土に近い色合いに染まり、ふわっと仕上がります。湿り気が保てるように甕などで保管します。

ちょうど祇園祭《ぎおんまつり》が終わった頃の、京都が一年で一番暑いときに、何日かかけて代わる代わる様子をみて仕上げるのですが、最後の篩う作業は手があったほうが良いので、ふたりで作業します。手を動かしながら、あれこれ話すうちに「お茶屋さんの仕事に『篩い』はなくてはならないとても大事なものなんだよ」と夫に教えられました。

五月から六月にかけて茶畑で収穫された茶葉は、まず蒸され、それから揉みながら乾燥させて荒茶にします。この荒茶には葉が太いものや細いもの、長いものや短いもの、茎や粉などさまざまな形状の葉が含まれています。このさまざまな形状の葉を選り分けていく作業に「篩い」が欠かせないのです。

現在では荒茶の精選工程はすべて機械で自動的に作業されますが、その原理は「篩い」を使って選り分けることを考えた人間の知恵そのものだそうです。「篩い」を水平に前後に早く動かすことによって太いお茶と細いお茶に分ける、また水平に、円を描くように廻して短いお茶と長いお茶に分ける、粉を抜くなど役目がたくさんあります。この「篩い」を扱う人の手の動きの原理をそのまま機械に再現し使用しています。このように荒茶になったお茶を選り分けて形を整え、捨てるところなく粉になったお茶まで全《すべ》てを使いつくすところは、まことに見事なことだといつも思います。

抹茶の場合は蒸したあと、葉が開いたままで乾燥させ、最後に石臼で挽きます。これを「篩い」にかけて扱いやすい抹茶に仕上げます。缶に詰めてからも細かい粒子であればあるほど、振動などで静電気を帯びやすく、小さな塊になりがちです。空気が乾燥する冬場の季節は、より静電気を帯びやすくなってしまいます。これを解決するために、使う直前に「篩う」というひと手間をかけるだけで、見違えるように扱いやすくなります。「抹茶篩い」という道具があり、その網に抹茶を入れて竹べらで濾しますと、ふんわりとした抹茶になります。これを点《た》てると点てやすいだけでなく、口に含んだ味わいもよくなります。お台所などでさっと抹茶を点てたいというときなどは、きれいな茶濾しを「篩い」代わりにして、ひとり分の抹茶を抹茶茶碗の上で簡単に濾すようにしています。

私が夏場の「湿し灰《しめばい》」作りを母から習った頃はまだお茶のお稽古も初歩のころで、風炉《ふろ》から炉にお稽古場の設《しつら》えを替えるときに乾燥している炉の灰がそこらじゅうに舞い上がらないために湿しておくものかと思っておりました。でも稽古を重ね、炭点前《すみでまえ》を習うようになってから、「湿し灰」には、もっと大切な意味があると知りました。炉の中に湿し灰を撒《ま》くことにより、より炭が熾《おこ》りやすくなるように助ける役目があったのです。普通に考えると湿ったものがあると燃えにくいのではと思いますが、炭の周りの空気に対流が起きて炭の火が熾りやすくなるそうです。湿りすぎていても灰匙《はいさじ》から落ちにくいし、程よさも大切です。

熾る炭の香りにつづいて、炉中の香が香り、しゅんしゅんと沸き立つ釜の音……席中の華やかな存在に対して目立たぬけれどなくてはならぬ灰は、いわば「縁の下の力持ち」です。暑い夏に汗水たらしながら拵《こしら》えた「湿し灰」の腕の見せ所です。

お雑煮と大福茶《おおぶくちゃ》

「丑年《うしどし》生まれの人は、自分の生まれた家を守る」と言われるのを聞いたことがあります。夫の母はこの寺町の家で生まれ育った丑年生まれです。二人姉妹で姉は他家へ嫁ぎ、母は東京から婿養子《むこようし》（夫の父）を迎えてずっと家を守り、今は亡き父とともに商売を続けてくれました。母が話してくれる幼い時や女学校時代の話は何度聞いても面白く、当時は店舗と住まいがひと続きになっていたため、今の生活との違いに驚くこともたくさんあります。

「私が子どもの頃の大晦日《おおみそか》は、今みたいに静かなもんやなかった」と母は申します。今でも年末ぎりぎりに正月用の抹茶を買いにきてくださったり、年始のご挨拶《あいさつ》用にとご注文いただくので、私どもの店は大晦日の夕方六時まで店を開けています。でもご近所のお店のほとんどは、市役所の御用納めとともにお正月休みになさいますので、この寺町通も何となく静かになってしまいます。けれども母が子どもだった戦前のころは、どちらのお店も大晦日は真夜中まで店を開けていたものだったようです。夜遅くなって仕事を終えてから、郷里に帰るお土産にお茶を求める方も来られ、また店の人たちがお茶の配達をすませ集金を終えて戻ってくるのも夜の遅い時間だったので、「それからみんな後片付けしはるさかいに、明け方までかかってしまってた」そうです。

台所も家族で自分たちだけの食事をつくるのではなく、たくさんの女中さんたちが働き、住み込みの店の者たちの食事の世話もするところでした。十二月に入って最初の仕事は、大きな桶に張った水に棒だらをつけること。その水を何度も替え、何日もかけて戻していったそうです。大晦日には大鍋にお煮しめ、お雑煮の用意でてんやわんや。棒だらも炊かれ、何ともいえない香りに包まれた湯気でむんむんとした台所の様子は、子ども心にも忘れられないと母は言います。こんな話を聞いていくうちに私も、その台所にいたような錯覚に陥るから不思議なものです。

丁稚《でっち》さんたちも大勢いたそうで、「お雑煮の丸餅を競い合って、そう一人で三十個も食べはるの。丁稚どんたちには、お雑煮のほかは数の子なんかと違《ちご》うて、そやなあ、せいぜいにんじんやおやき（焼き豆腐）、おこんにゃくのお煮しめ、棒だらや黒豆ぐらいやったかしらねえ。店の人たちは皆で揃ってお雑煮で祝ってから、新年の朝五時ごろに寝床についてはったわ」と懐《なつ》かしく話してくれます。

京都の町なかのお雑煮は白味噌《しろみそ》仕立てです。昔から、頭芋《かしらいも》（人の上に立つ者になるようにという縁起物で主《あるじ》や男子につけた）は切らずに丸のまま、雑煮大根の輪切りに、丸餅で白味噌仕立てと聞きますが、我が家では母の教えで食べやすさ優先。「頭」になる者にも芋は小ぶりにし、大根もふつうのをいちょう切りにして蒸したり茹《ゆ》でたり。そしておやきを一口大に切り、湯がいたものも用意します。たっぷりのおだしに結構な量の白味噌を溶いた鍋に、これらの具全部を入れてつくります。新年明けて味のよく染み通ったその鍋を温め、母は丸餅を電子レンジでチンして加えていました。かつては丸餅を湯がいて柔らかくして入れていましたが、どうしても水っぽくなるしちょっと目を離すと溶けたりくっついたりしますので、文明の利器を使うようになりました。最近は少し焼くのも、といろいろ試しています。

ふつうお味噌汁をつくるときはお味噌を入れたらあまりぐらぐら煮立ててはいけないと言いますが、この白味噌に限っては前の晩からつくっておいて、火を入れ直しても大丈夫です。お椀《わん》によそってから、いただく前に上等なかつお節をふんわりと掛けます。白味噌は甘いものと思われるかもしれませんが、砂糖の甘さとは違って、おだしと合ったまったりとした上品な甘さが身体を芯《しん》から温めてくれます。地方によってお雑煮はさまざま。私の生まれ育った山陰地方のものともまったく異なるのですが、いつの間にやらこの白味噌仕立てのお雑煮が一番長くなり、また待ち遠しいものになりました。

そういえば毎年十一月も半ばになると、朝刊で「棒だら、中央卸売市場で初せり」という記事が目にとまります。年賀状は売り出されてもお正月のことはもう少し先の事と思われるこの時期から、店先に出回りだします。京都にはえび芋と棒だらを炊いた料理で有名なお店がありますが、普通の家庭で棒だらを炊くのは、お節《せち》料理以外にはあまり耳にしなくなりました。

旧年の邪気をはらい、めでたく新年を祝う習わしの「おおぶくちゃ」。京都には元《がん》旦《たん》にこの大福茶を飲んで、新年を寿《ことほ》ぐ習慣が続いています。平安時代、都に疫病《えきびょう》が流《は》行《や》ったときに空也上人《くうやしょうにん》がお茶によって多くの人の苦しみを救ったそうで、その徳にあやかるようにと、時の村上天皇が年の初めにお茶を服するようになられたとか。呼び名も天皇が服されるお茶という意から「王服茶」。同じ発音でおめでたいお茶という意で「大福茶」になっていったようです。私どもでは上等な玄米茶を「大福茶」としてご用意しています。

玄米茶とは柳類のお茶に香ばしい玄米を混ぜてつくるもの。そもそも煎茶をつくるときに出る、よりの荒いものや軸を集めたものを「柳類」といいます。ええっ、柳の葉もお茶になるの……とびっくりなさらないでください。お茶の葉の形状が「やなぎ」の葉に似ているのでそのように総称しているだけです。大福茶は選りすぐりの柳類の茶葉にいつもよりもっと上等な玄米を加えた、まことに香ばしいお茶です。

急須に大さじ三杯ほど茶葉をいれ、直接熱湯を注ぎますと良い香りがあたり一面に広がります。すぐに蓋をして三十秒ほど待って湯飲み茶碗に一気にお移しください。これに小梅や結び昆布をいれてもよろしいでしょう。玄米の香りは一煎目ほどではありませんが、同様に急須に熱湯をいれ三煎までは楽しめます。二煎目以降はお湯を注いだら待つことなくすぐに湯飲みに出し切ってください。普段あまりお使いにならない蓋つきの湯飲み茶碗などをお使いになってはいかがでしょう。また普段の湯飲み茶碗を茶托《ちゃたく》に乗せたり、きれいなコースターなどでおしゃれをして、新春を寿ぐのも良いかもしれません。もちろん大福茶だけでなく、新年の一服、少し濃い目のお抹茶を点ててお正月らしいお菓子とともに召し上がるのも、なおのことよろしいかと存じます。

おいしくお茶を
召しあがれ。

生きてる葉っぱ。

カンカンに入れておけば大丈夫……
「カンブツ」（乾物）の仲間であるお茶の葉は
見た目が生っぽくない分、
日持ちすると思われがち。
「いつか飲もう」と
棚の奥にしまったままにしていませんか。
保存の仕方で多少の差はあれど、
お茶っぱも私たちと同じように年をとります。
アンチエイジングは難しい！
豊かな風味を楽しむためには
賞味期限内にどうぞ。

たっぷり使う！

美味しく淹れられない！
という方のお話を聞いてみると、
ほとんどはお使いのお茶の葉の量に関係しています。
「上等なお茶、もったいないから少しずつ楽しもう」
――いただきもののお茶を淹れるとき、
小さじ一杯のお茶っぱしか使わない。
そんな淹れ方では
〝お茶風味のお湯〟になってしまいます。

一保堂のお茶っぱは
大さじにたっぷり二杯が適量。
これくらい使って初めて、
本当のお茶の味や香りを豊かに楽しめます。
とはいえ、お茶屋さんによっても、
またお好みによっても、
お好きな味はそれぞれです。
まずはお茶屋さんの
お勧めする量でお試しくださいませ。

火要らずのお茶。

「お茶は、水からでも淹れられます」
とお伝えすると「えっ!」と驚かれる方が
たくさんいらっしゃいます。
お茶はお湯で淹れるもの、と決めつけず
ぜひ水でも淹れてみてください。
いつもより甘み際立つお茶を楽しめます。
煎茶や玉露の抽出時間は
常温の水なら約十五分がめやすです。
一煎目はお湯で淹れ、
二煎目は氷水で淹れてみる……
こんな楽しみ方も出来ます。

急須は味わいを引き出す道具。

お茶にとって急須は「調理道具」のひとつ。
湯温と待ち時間を加減して、
好みの味や香りを
急須のなかで作ることができます。

単にお茶っぱとお湯を急須に入れて
湯呑みに注ぐのではなく、
急須を使って、
自分好みの味や香りを引き出すと考えれば、
「今日はどういう淹れ方をしてみようかな」
とワクワク……してきませんか。
蓋の具合、注ぎ口、持ち手の様子、
使いやすさも大切です。

やさしい気持ちになぁれ。

お茶を美味しく淹れるコツは、
確かにあります。
でも、一番大切なことは、
「美味しくなぁれ！」と想う気持ち。
あせったり、イライラしたりするときは、
どうもうまくいきません。
気持ちを込めて淹れてみる。
案外これが
一番の近道になるのかもしれません。

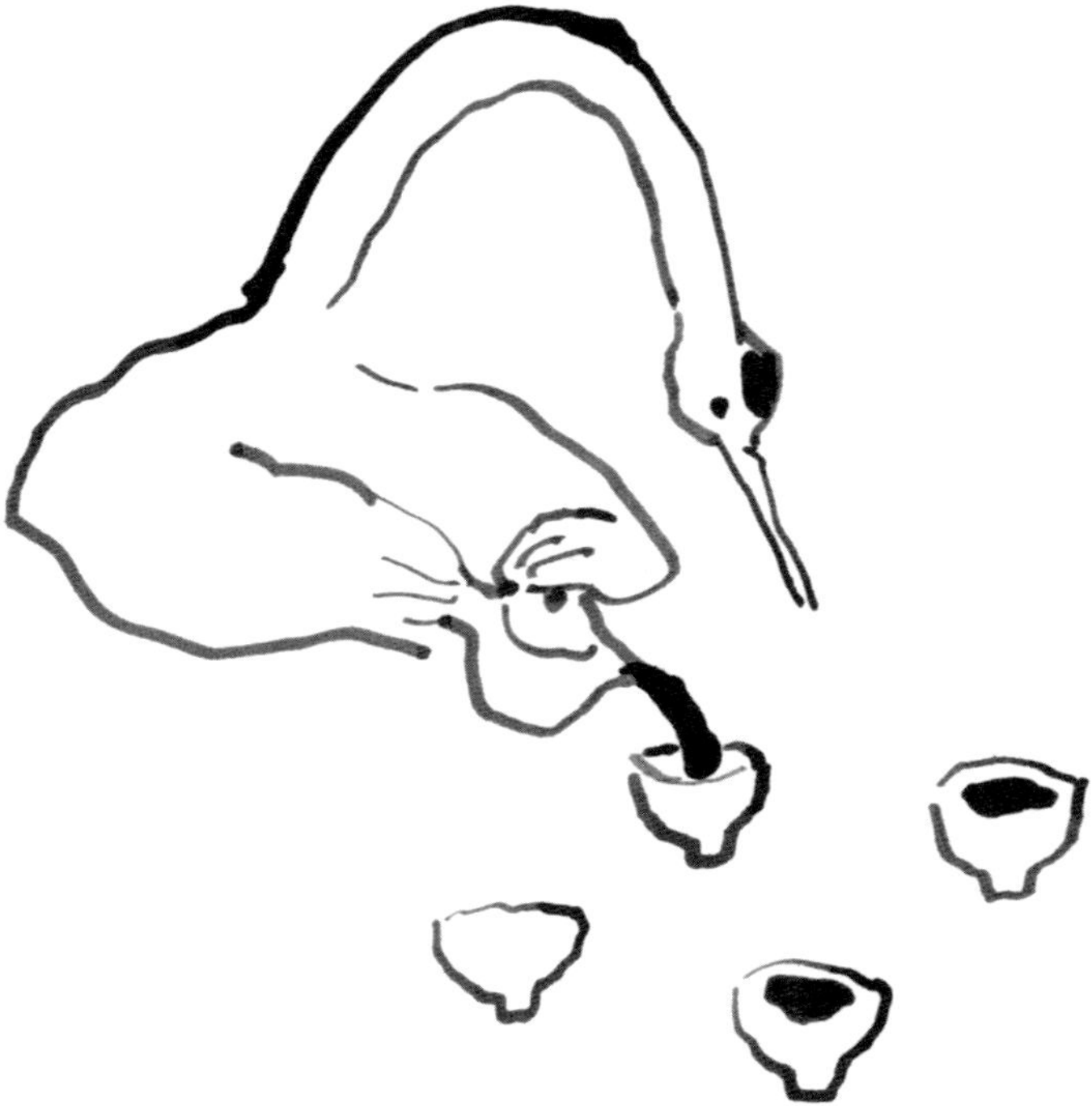

抹茶を暮らしのなかで楽しむ。

抹茶をいただくと、
スッと背筋が伸びるような気がします。
口の中に広がる贅沢感や
充実感もなかなかのもの。
こんな気持ち、普段の暮らしのなかに
気軽に取り入れてみませんか。
洋菓子にもよく合う抹茶、
たとえばお菓子に合わせて器を選ぶ。

いつものお茶の時間に登場する器、
そう洋風でも和風でも、
またガラスなどでも楽しんでみてはいかがでしょう。
コーヒー？　紅茶？
あ！　今日は抹茶にしよう、
そんな心持ちで付き合ってみてください。

お茶を淹れる人が一番得?!

日本茶は穏やかな香りと味が特長。
紅茶やハーブティーのように
香りの主張はそれほど強くありません。
最も香りを強く感じるのは、
お茶を淹れている瞬間。
お茶を淹れるときにふわり感じる
甘くて青い香りを一番に楽しめますよ。
ほうじ茶やいり番茶の
香ばしさも同じことです。

一保堂のこと

あきない

いま日本でもっともたくさん飲まれているお茶は「煎茶《せんちゃ》」です。静岡、鹿児島、宇治など産地によってそれぞれ風味の特徴が異なりますが、甘みと渋みのバランスが良く、飲んだあと口がさっぱりするのが好まれるのでしょう。

「煎茶」は江戸時代の中頃である元文《げんぶん》三年（一七三八）に現在の製法が開発されたと本で読みました。それまでは新芽を大きく育てて（長《た》けて）から摘んでいたようですが、宇治田原の永谷宗円《ながたにそうえん》という人が、新芽を小さいうちに摘み取って、それをすぐに蒸して乾燥させながら揉《も》んで作る製法を開発したそうです。これによって現在私たちが飲んでいる「煎茶」と同様のものができあがり、風味の良さや品質保持のし易《やす》さが評判になって、幕末までには日本各地のお茶の産地に、この宇治製法が広まっていったと考えられています。

私どもの店は享保《きょうほう》二年（一七一七）に京都の町なかで創業したと伝わっておりますが、世の中に「煎茶」が登場するまえの時代ですので、抹茶のもとの「碾茶《てんちゃ》」（葉茶）

と「番茶」がおもな取り扱い商品だったのでしょうか。残念ながら何度かの大火事で記録が残っておらず、今となっては定かではありません。

日本茶はそもそも中国から伝わったもので最初は庶民の生活には遠い存在でした。遣唐使が平安時代初期に唐からお茶を持ち帰り、時の天皇が近畿一円での茶の栽培を指示されたのですが、書物などでの記述はそこで途絶えてしまっています。源氏物語の登場人物たちがお茶を楽しんでいたのかどうかも分かりません。

その後鎌倉時代が始まる頃の建久《けんきゅう》二年（一一九一）、臨済宗を日本に伝えた栄西《ようさい》禅師が宋から「抹茶」を持ち帰り、それが禅宗寺院などへと少しずつ広まっていきました。室町時代が始まる頃にはそれなりに庶民の間でも抹茶が飲まれるようになっていたようで、お茶の産地当てゲーム「闘茶《とうちゃ》」の開催を制限する立て札が残されていることからもそれがわかります。「抹茶」の点《た》て方や飲み方などの所作を様式化し、千利休が茶室や庭なども含めた「茶道」として大成させたのは、それから二百五十年以上もあとの安土桃山時代のことでした。

幕末にペリーが浦賀に来航して開国を迫り、安政六年（一八五九）に、横浜・長崎・箱館が開港された頃から、お茶の輸出が始まりました。開国を控えた日本が外国へ輸出できる商材としては、第一に生糸、つぎにお茶、その他さまざまな雑貨だったようです。お茶は輸出商品の代表として脚光を浴び、生産量は飛躍的に増えていきました。

ただ庶民が普段にどのようなお茶を飲んでいたかというと、確かな情報は見当たりません。しかしペリーが来た頃の狂歌に「泰平の眠りを覚ます上喜撰《じょうきせん》　たった四杯で夜も寝られず」というのがあり、「蒸気船」と「上喜撰」という宇治茶を代表する煎茶の茶銘を掛けた狂歌がすぐに理解されるほどに、多くの人々の暮らしにお茶が浸透していたのかと想像できます。

夫の曾祖《そうそ》父《ふ》である辰三郎は滋賀県の彦根出身で、明治の初期に丁稚《でっち》として店に入った人でした。そののちに、この家の娘と結婚して跡取り息子になりました。娘にとっては弟である長男がおりながら、その長男は分家として独立させられ、外部から次の新しい主人を迎えたのでした。京都の古くから続く店にはよくある話だそうですが、当時の主《あるじ》はよくぞそんな決断をしたものだと感心しますし、家から出された弟はどんな思いだったのかと考えてしまいます。

この辰三郎はなかなか進取の気象に富んだ人だったようで、当時は陶器の壺《つぼ》や甕《かめ》にお茶を保存して輸送に用いていたものを、木箱の内側にブリキを貼《は》った茶櫃《ちゃびつ》（茶箱）を考案したそうで、お茶の品質保持や輸送性の向上に寄与しました。

その頃は私どもの店では、神戸在住の異人さんの貿易商にお茶を売り、それはおもにアメリカへ輸出されていたと聞いています。その後明治の終わり頃には小売りの商売に特化していったことが、明治や大正から戦前にかけての定価表からわかります。目を引くのはお茶の価格が一斤《きん》あたりで表示してあることです。一斤とは六百グラムであり、現在の百グラム単位での表示に慣れている者からすると、ずいぶん大きな袋でお茶を売っていたのだなぁと驚かされます。お茶の精選技術も未熟だったでしょうから、現在のようにきれいに仕上げたお茶ではなく荒々しいお茶で、袋にざっくり入れていたのではないかと思います。ひと袋のお茶をどれほどの期間で飲んでいたのか分かりませんが、賞味期限など気にすることもなかったのでしょう。

店に残る古い看板の中に、「紅茶」と大書したものがあります。昔は紅茶も大々的に扱っていたのかも知れません。その名残からか、今でも細々と紅茶も扱っています。和紙に印刷した、昔ながらの縦書きの定価表に、抹茶・玉露・煎茶・番茶などの最後のところに紅茶も載せていたことがありました。

夫の父である正夫も、婿養子《むこようし》でこの家に入った人でした。お茶が好きで店によく顔を出す学生だった父は祖父や曾祖父に見込まれ、二人姉妹の妹の方の婿として迎えられました。商社マンの四男として東京で生まれ育った父は大学時代、化学を専攻しており、まったく畑違いの人でした。父が百万遍《ひゃくまんべん》の下宿にいたころ付けていた小遣い帳がまだうちに残されています。生まれの干支《えと》の通り、猪突《ちょとつ》猛進で新しい試みを繰り返し、今の私どもの店の基盤を作ってくれました。理系でしたので機械にも強く、お茶の合組《ごうぐみ》（ブレンド）の機械も自分で考え改良し、結局今でも父の考案した原理の機械を使用しております。また百グラムの袋入りのお茶を作ったこと。その頃さすがに一斤ではなかったようですが、二百グラムや四百グラム入りの袋が当たり前の時代に、お客様の利便性や品質保持の観点から百グラム入り袋を考案して売り出したそうです。茶業界の先輩たちからはずいぶんとひんしゅくものだったと、母から何度か聞いたことがあります。今では店頭に当たり前の姿で並べられている百グラム入りの袋なのですが。

長いあいだ商売が続いてきた道中には、それぞれの時代ごとの創意や工夫が積み重なっています。今の時代を受け継いでいる私たちは、先人を見習って、知恵を絞り続けなければと思います。

嘉木《かぼく》のこと

山陰で医者をしていた実家の父は、抹茶が好きで、診察の空き時間に医院から自宅に戻るたび、母が点てるお薄を楽しんでおりました。私自身も家でよく抹茶を飲んではいましたが、でもお茶のことなど何も知らず、古くから続く京都のお茶屋に嫁いできました。

夫は東京での学生時代、下宿でも急須《きゅうす》を持ち、毎朝必ず自分で煎茶を淹《い》れていたそうで、朝食後、夫の部屋には煎茶目当てに下宿生たちが集まったといいます。

結婚してからも三年間は東京で生活していたので、その間に私も夫から煎茶の淹れ方を教わったのですが、京都の父が突然訪ねてきたりすると、冷や汗ものだった思い出があります。なぜかお客様がいらした「ここ一番」というときに限って、濃い味になったり薄すぎたり、思うようにならないのです。説明書の通りに淹れたつもりでも、思いがけず渋みが勝ったり、ちょうど良い加減を身につけるまでには少し時間を要しました。

お茶の味をつくるおもな要素は、茶葉の質はもとより、茶葉の量、お湯の温度、お湯の量、浸す時間の四つです。この四つの組み合わせでいかようにでも変わるので、同じ茶葉を使っても淹れるごとに風味が変わるのは不思議ではありません。とはいえ四つの要素の目安と加減を知って慣れてしまえば、美味《おい》しくお茶を淹れるのはそんなに難しいことではないのです。

けれども、私どもで自信を持って選んだ茶葉をお売りしながら、それをお客様が美味しく楽しんでくださっているかどうか、じつはよくわかっていませんでした。

お客様にもっと美味しく、もっと気軽にお茶を楽しんでいただけるように、お茶本来の美味しさやその淹れ方などをお伝えできる場所がつくれないものか——私自身の経験から、そう考えるようになりました。そうして店内に初めて喫茶室を設けたのは、平成七年春のこと。当時、町の喫茶店で日本茶が飲める場所というのはごく限られていて、たまにホテルなどで抹茶がメニューに載っていても和服を着た女性がサービスしてくれるとても高額なものでした。

新しい喫茶室ではお客さまご自身に淹れていただくということが基本で、玉露や煎茶の場合には、お盆の上に一回分の茶葉をいれた急須と湯飲みを乗せ、別にお湯を入れたポットをご用意します。抹茶の場合は茶筅《ちゃせん》と抹茶茶碗《ぢゃわん》をご用意して、ご自身で点てていただきます。淹れ方をご存知ない方には、私どものスタッフが簡単に説明をいたします。お薦めする標準の茶葉の量、お湯の量をお伝えし、テーブルに置いている小さな時計を見ながら時間を計って淹れていただきます。

お客さまはお連れのお友だちと互いに違う茶種を交換しあって飲まれたり、二煎目、三煎目と楽しんでくださったり、喫茶室はしだいに、お茶を中心にしてゆったりした時間を楽しんでいただける場所になってゆきました。

私ども夫婦が京都へ戻ってきたのは昭和五十七年ですが、その頃はまだ缶入りドリンクとしてのお茶は発売されていませんでした。いまでもそうですが、お茶は蕎麦《そば》屋さんでもお寿司《すし》屋さんでも、ただで何杯もお代わりできる飲み物でした。昭和六十年頃から缶入りの緑茶が売り出されるようになり、「ようやく日本茶もお金を出して飲んでいただく時代がやってきた」とすこし皮肉も交えて夫は申しておりました。

ペットボトル入りのお茶が、人びとの生活の中で当たり前の存在になるのに、それからあまり時間はかかりませんでした。お茶を急須で淹れることや茶ガラの後始末が面倒臭い方にとっては、ペットボトルのお茶はまことに便利なもの。しかしお湯を沸かしてお茶を淹れる場面でこそ楽しめる、ゆったりした時間、そのときどきに変化する風味、そしてお茶本来の美味しさがあります。

人類がお茶を飲むようになったのは、約四千年前のことだと言われています。世界にたくさんの植物が存在するなかで、お茶の葉が飲用に向いていると気づいてくれたのはどんな人だったのでしょうか。中国の唐の時代、西暦七六〇年頃に陸羽という方が書かれた世界で最初のお茶についての書物である『茶経』に、お茶の製法や飲み方が著されています。それによりますと茶の原産地は中国の南方、現在の四川省《しせんしょう》からミャンマーに至る辺りだそうです。

日本に茶が伝わったのは、一一九一年、臨済宗の開祖である栄西禅師が、南宋から茶の実とともにその栽培方法や抹茶の飲用方法を持ち帰られたのが始まりと言われています。それよりもっと前の八〇六年に弘法大師が唐より持ち帰られたという説もあり、また四国や九州では野生の茶の木が自生していたとも言われています。鎌倉時代以降、抹茶が飲まれるようになり、最初のうちは禅僧の修行の折の眠気覚ましの薬として服用され、武士にも広まっていきました。やがて「闘茶」として産地の当てっこゲームのようなものが流行し、そのうちお茶を点てる動作などがひとつの作法のなかで表現されるようになり、長い時間をかけて「茶道」が確立されていったのです。

いまでは抹茶よりもはるかに大勢の方が召し上がる煎茶は、江戸時代の中期一七三八年頃に現在の製法が確立されました。玉露にいたっては、なおその百年後、一八三五年頃に、抹茶用に栽培した茶畑の茶葉を煎茶風の製法で製造していたところ出来上がったものだそうです。番茶は恐らく鎌倉時代に抹茶が伝わった頃から、下級品のお茶として飲まれていたのではないでしょうか？

お茶が飲用に適していると見つけてくれた人、さまざまな製法や飲用方法などをつくりだしてくださった多くの方々のお蔭《かげ》で、私たちはいま、お茶を楽しむことができます。『茶経』の冒頭の「茶者南方之嘉木也」の一節から、私どもの喫茶室は感謝を込めて「嘉木」と名づけております。

母のこと

「朝取りの胡瓜《きゅうり》が出てるで」「もう上賀茂《かみがも》のトマトはこれでお終《しま》いやな」――八百屋のご主人が折々に教えてくれます。

昔から町なかで商売をされている近所の人々とのちょっとした言葉のやり取りで、季節の移り変わりを感じることができます。旬《しゅん》の頃の、しかも露地物の茄子《なす》やトマト、えんどう豆などの新鮮な味は素晴らしく、近所に増えてきたスーパーマーケットの品とはやはり比べ物にならないと私は思います。京都は町なかから少し足を延ばすだけであちこちに畑が広がっています。地元の農家の方が作られた野菜が、収穫されたその日の朝から店先に並んで、美味しい料理方法や食べ方の説明とともに手に入れることができるのは、近所の八百屋さんだからこその贅沢《ぜいたく》です。

昔、京都の商売の家々では、お朔日《ついたち》と十五日はあずきのごはん、八のつく日はあらめとお揚げを炊《た》いたん、また月末にはおからを炒《い》るとか、それぞれに決まっていたそうです。

この家で大正十四年に生まれた母が幼かった頃は、家族だけの生活ではなく番頭さんや住み込みの丁稚どんがたくさんいて、「おなごしさん」と呼ばれる女中さんたちが主になってご飯の支度をして、みんなで一緒に食事をしていました。「こんな大きな」と両手を丸く伸ばして見せてくれるほどの大きなお鍋《なべ》、それで煮込んだ茄子やにしんの味は格別だったと昔を思い出しながら母は言っておりました。「やっぱり一度にたくさん作ったほうが美味しかった」。そんな昔話を聞いていると必ず最後は、大きな釜《かま》で炊かれたご飯のことになりました。

「今みたいになあ、誰でも飲みたい時にいつでもお酒が飲めるような時代やなかった……」と母の言葉は続きます。「一本つく」のは特別の日。納屋方《なやかた》（倉庫係）の仕事の人などには、五のつく日とか決まった日に食事の時に一本つけてあり「それはそれは励みになってはったんやと思うわ」と子供のころに感じた不思議を今になって確信するように話してくれました。

葉茶を挽《ひ》いて抹茶を作るのに使用する石臼《いしうす》は、定期的に目立てをして、石の溝を整えてもらわないといけません。その「目立て屋さん」という仕事の方も、当時は全国を渡り歩いていらして、近くに宿をとってうちに仕事に来られたときは、この方にも必ず最後に一本つけていたと聞きます。

もう一人「肥取り」のおじさんのこともよく申しておりました。来ていただき仕事がすむと必ず一本。お膳《ぜん》などすべて専用の決まったものがあって、女中さんがしまってある棚からおろして用意し、本当においしそうにお酒を飲まれ、なんとお顔の様子までをはっきり覚えているとも申します。しかし京都の町なかは比較的早くに下水が完備され、水洗トイレも設備されたそうですので、このことは母が小学校の高学年までの話だったと思うのですが。

当時、店の主人は母の祖父である辰三郎でした。明治の初め頃にこの家に丁稚で入りましたが、見込まれてこの家の娘と結婚して当主になった人です。家の中で一番偉い人ということで、お膳も食器も献立もすべて特別のものが毎回用意されていました。

現在では、ふだん会社の従業員と私たち家族が食事を一緒にする場面はありませんが、昔と変わらず店と住居はおなじ場所にあるので、夫はお昼どきには会社からいったん家に帰ってまいります。

こんにゃくとお揚げを細く切って炊いたもの、三角に切った板こんにゃくや高野豆腐と人参《にんじん》の炊き合わせ、切干大根とお揚げだったり、またヒジキの煮物などの「おばんざい」に焼いた干物少々、そしてお味噌汁《みそしる》とご飯といった簡単な献立がつい多くなります。最近は年を重ねてきたからか、夫もこうしたものがほっとするようです。

これらは母の作り方を見よう見まねで習い覚えたのですが、大根やかぶを煮含めたりするのは手慣れたものになりました。単に長い時間火にかけるのではなく、さっと炊いたものを少し置いておくと、冷めて味が浸《し》み込んでいきます。まこと急いでいるときは井戸のところへ持っていって冷たい水に鍋ごと浸す、このやり方はお料理屋さんのご主人から聞いたわざでした。

母が大きくなり女学校にあがる頃から次第に世の中は暗くなり、母の世代はハイカラな格好もままならぬ女学生時代を過ごすことになりました。ほんの四つほど年上の姉の華やかな青春時代とは異なり、「うちらはモンペ姿ばっかりやったわ」とよく残念そうに申していました。そしてそのうちひとりふたりと丁稚どんにも赤紙が来て、出征して行ったそうでした。

昭和十八年の店の定価表を見ると「公定価格」となっており、京都市内のお茶屋さんが売るお茶は名前も価格も茶業組合で決めたおなじものになっていました。また抹茶を固めた錠剤を作り、軍隊の栄養補助食品として納めていたこともあったようです。

いずれにしてもゆっくりお茶を楽しむ時代環境でなかったのは確かでしょう。

京都は大きな空襲もなく町はそのままに残りましたが、それでも戦後商売を続けていくのは大変なことだったと思います。五人は帰らぬ人となりましたが、出征していた丁稚どんも少しずつ店に戻り、細々と商売を続けていたものと想像します。

「けちんぼ」という言葉がありますが、京都ではどちらかというと、無駄を省きその節約の姿を美徳として「始末する」という言葉で表現されます。戦争中のモノのないつらい生活を経験した母の生き方をずっとそばで見ていて、モノを大切にする姿勢にはいつも感心させられていました。もっともっとたくさんのことを聞いておけばよかったと思います。母は平成二十三年の九月二十一日に旅立っていきました。

晩年に母がひとりで暮らしていた母屋《おもや》を整理してみると、送られてきたダイレクトメールの封筒などが区別され、きちんと保管してありました。母に頼まれて近所に買い物に行くときは、新聞の折込広告の裏の白いところに書いたメモを手渡され、買い物の代金を伝えておくと、取っておいた封筒にお金を入れて渡してくれたものでした。着物を着るたびに帯と帯締めの色合わせなどを母に尋ねていたのですが、もう聞くこともできず、まことに心細い思いです。

甘く冷たいグリーンティー

おなじ料理でも、関東は味付けが濃い目、関西では薄味にと、仕上げ方にも違いがあります。また地域の違いだけではなくて、お家《うち》によってもそれぞれの独特の味つけがあります。小さい頃、お弁当の時間に友達とおかずを取り替えっこしたときに、そんな風に感じたことがありました。お母さんやお父さんの出身地などが微妙に絡《から》み合いながら、それぞれの家の「お母さんの味」ができあがり伝わっていくのでしょう。

我が家の息子のお嫁さんは関東育ち、そのお嫁さんが息子から「ありえへん！ て言われました」とこっそり教えてくれました。お弁当にいれた玉子焼きの味つけのことだったそうです。溶き卵にお砂糖を入れて甘みをつけた厚焼き玉子のこと。そういえば山陰に住む私の実家の母の玉子焼きにも少し砂糖が入っていて、そのうえ忙しくしていた母は強火で慌《あわ》てて作るからか、いつも少し焦《こ》げていました。ところが、京都の夫の家の玉子焼きは、卵とおだしと塩、薄口しょうゆ、隠し味にほんの少しみりんを加えるか加えないか、というものだったのです。私も結婚したころ夫から同じように言われ、そのときに夫の母に味つけを教わったことを懐《なつ》かしく思い出しました。

さて抹茶は、煎茶などのように茶葉を浸して作った液を飲むものではなく、石臼で細かく挽いた茶葉そのものをお湯にまぜて口にするものです。煎茶の産地は全国各地にありますが、抹茶の原料茶葉である碾茶は、昔から京都の宇治で多く生産されています。江戸時代には将軍家や各大名家が召し上がる抹茶を宇治で独占的に生産しており、その製法も他の地域には秘密にされていたそうです。

そんな歴史的な経緯からでしょうか、「抹茶」という言葉と「宇治」という言葉には、人びとの連想の中でとても強い結びつきがあるように思います。小豆あんの上にかき氷をかけ、その上に緑色のトッピングがのっているものを「宇治金時」と呼びます。名前に「宇治」とつくだけで、口のなかに広がる氷の冷たさとあんこの甘みをやわらかく抑える抹茶の風味を連想させてくれます。最近は「宇治金時」ばかりではなく、カステラはもちろんマカロンやロールケーキ、そしてアイスクリーム、チョコレートなどで、抹茶風味のものがたくさん出まわっています。子供たちや若い人の中には、これらの抹茶風味のお菓子から「抹茶」という名前を知る方がたくさんおいでかもしれません。ストレートに舌を刺激する甘みを抹茶の風味が上手に抑えてくれるところが、人気の秘密でしょうか。

でも不思議なことにそのようにして知ってくださった「抹茶」を、今度は気軽に普段の生活のなかの飲み物として楽しまれるという方はほんの僅《わず》かしかいらっしゃらない気がします。この抹茶の楽しみを多くの方にお知らせしていかなくてはと夫はいつも話しております。

ところで今では抹茶は缶入りか袋入りでお売りするのが、当たり前になっています。でも、前にも申しました通り私どもの昔の定価表を見ると、明治から大正、昭和の戦前くらいまでは、抹茶にする前の状態つまり碾茶（葉茶）でお売りするのが標準で、挽いてお売りする場合は挽き賃を頂戴《ちょうだい》していました。お客様は葉茶をお家にある石臼で挽いて召し上がっていたそうです。缶入りの抹茶が商品として売り出されたのは、昭和の初期の頃だったと聞きました。

私どもの昭和十一年の定価表に、初めて「宇治清水《うじしみず》」という商品が記載されています。「砂糖入家庭的好飲料」という説明がついていますが、実は店の番頭さんが考案した新商品だったのです。今のように冷房が行き届いているわけではない昔のこと、お湯を沸かさなければならないお茶は夏場には好まれず、お茶屋さんは暇になるのが当たり前でした。この時季に何か売れるものを作らなければということで、抹茶にグラニュー糖を加えた「宇治清水」を考え出したそうです。店の主人（夫の曾祖父にあたるのですが）の目を盗んでは試作を繰り返し、主人には内緒だったので店で売るわけにはいかず、ハイカラな食品を扱っておられた「明治屋」さんにお願いして売り出したのが最初と聞いております。当初の評判がどうだったのかよく分かりませんが、数年後に定価表にも記載されているところをみると、店の主人にも世の中にも受け入れられたということでしょうか。考案した番頭さんも、売り出しを許した店の主人もずいぶん勇気が必要だったはずです。今では緑茶のことを表す英語の「グリーンティー」というと、なぜかこの砂糖入り抹茶飲料を指すようになりました。

抹茶にグラニュー糖を混ぜて粉砕すると薄緑色の白っぽいものになります。これに水を加えると鮮やかな緑色に変身するのは、茶葉そのものである抹茶は水には溶けずグラニュー糖だけが水に溶けるからです。一人前およそティースプーンで山盛り二〜三杯が目安です。キューブの氷とともに冷水で混ぜ合わせてもよいのですが、これをマシーンでシャーベット状にしてご来店のお客様にお出ししております。暑い日には特にジョリジョリとした歯触りと冷たさ、そして甘さと緑の色は涼感を呼ぶものです。フルーツシャーベットなどをご家庭で作られるときのように、冷凍庫で固まりかけたところをスプーンなどでこそげるようにすると似たものが簡単にできます。涼しげなガラスの器やワイングラスのようなものに入れてくださってもおしゃれです。子供さん向けには、「宇治清水」を冷たい牛乳で溶かした飲み物をお勧めすることもあります。以前、息子が所属しておりましたボーイスカウトの活動でアメリカへキャンプに行ったとき、野外でたくさんの量を簡単に作れ、日本的でありながら甘くて飲みやすい「宇治清水」は、すこぶる人気となったことも思い出しました。

しかし近ごろは、極力甘いものを控えるようになさる方もいらっしゃいます。そんな方には暑い夏、普通の抹茶を冷水点てでお勧めします。ひと手間ですが抹茶を茶こしでさっと濾《こ》し、冷蔵庫で冷やした冷水を注ぎ、シャカシャカと茶筅を振ればうまく混ざってくれます。氷をひとかけらお入れになると、なお結構。冷水で点てた抹茶はお湯とは違って苦み渋みも出ず、抹茶の旨《うま》みだけを味わえ、かつ美しい緑色の飲み物はとても涼しげです。砂糖入りの玉子焼きを好まない我が家の夫も息子も、夏場は、この冷水点ての抹茶のほうを好んでいる次第でございます。

香ばしいお茶

こんがりと焼いたお餅《もち》やせんべい、よく炒ったゴマをすり鉢で擂《す》るときなどの、何ともいえない香ばしさには食欲をそそられるものです。ワインの風味の特徴を「ナッツのような香ばしさ」と表現することがあり、またローストしたコーヒー豆の香りにも、思わずその中に浸りたくなるような何ともいえぬ魅力があり、この「香ばしさ」というものに洋の東西を問わず人々は魅了されてきたのではないでしょうか。

でも香りには好きずきもあります。私が育った山陰の田舎町に、お茶を焙《ほう》じる小さな機械を店先に置き、いつも焙じたお茶の香りを看板のようにしているお茶屋さんがありました。幼かった私は、むしろその匂《にお》いの強さや煙が嫌で、そこを通るときだけ息を止めて駆け抜けたことをよく覚えています。

数年前まで、我が家ではラブラドール・リトリーバーの「ウェンディ」を飼っておりました。十三年余りの間、私たち家族と一緒に生活してくれた犬です。私どもは店と住まいが一緒ですが住まいがビルの五階にあるので、ウェンディは店への立ち入りも制服を着た社員たちとの出会いも一切禁止でした。出入り口も別にして自宅の外階段にハウスを置き、お天気の良い日には屋上に上ってごろりとなり、雨の日には階段のハウスに身を寄せて暮らしておりました。

彼女と朝晩に鴨川や御所を散歩して歩くのが、私たち家族の楽しい日課となっていました。昼間に人と出会うことがほとんどないだけに、エレベーターの点検の人、電気の検針の人、煙突掃除の人が屋上まで来られるときは大喜びで、楽しく遊んでもらっていました。

ウェンディは屋上で鳥たちが近寄っても吠《ほ》えもせず、雷も怖がらないのんびりした穏やかな犬でしたが、お天気の良い日でもハウスに閉じこもっている日がありました。それはほうじ茶室で焙じ作業をする日で、ほうじ茶の煙が苦手だったのか、あるいは子供のころの私と一緒で強い香りが刺激的すぎたのかもしれません。「すんまへん、入らせていただきます」と言いはしないのですが、そのときだけはしょぼしょぼした目でうずくまり、上手に鼻を隠すように身体《からだ》を丸くする姿が、かわいそうではあるのですが、何ともほほえましく、いまでも忘れられません。

ほうじ茶は、緑色の茶葉を、時間をかけて釜の中でゆっくりと加熱して作ったものです。ほうじ茶の原料として使われるのは煎茶畑で少し大きく育った茶葉で、そのままでもサッパリした軽い風味を楽しめます。その形状が似ているからか「柳《やなぎ》」と称して店頭に並んでいるもので、値段も手ごろで気軽に楽しむのにふさわしいお茶です。炒った玄米とブレンドすると「玄米茶」になります。

　もちろん煎茶として売っている茶葉を原料にしてもほうじ茶はできるのですが、そのランクの煎茶ならではの良さを活《い》かしたほうじ茶とはならないので、もったいないものになってしまいます。逆にお客様からのお問合せで「頂き物で大事にしすぎて賞味期限の切れた煎茶が出てきたけれど、飲めるでしょうか」というときなどには、「そのままでは本来の煎茶の風味は楽しめませんが、焙じると充分ほうじ茶としてお飲みいただけます」とご案内することはあります。

　その場合はフライパンやお鍋に使われる分だけお茶を入れ、弱火でゆっくり熱を加えていただくだけで出来上がります。うっかりするとすぐに焦がして「より」がほどけてしまいますので、茶葉の色の変化に気をつけながらするのがポイントです。お茶をゆっくり加熱するとまず茶葉自体が持つ芳香が立ち上り、さらに茶葉が少しずつきつね色に焦げて出てくる香ばしさが加わり、なんとも言えない佳《よ》い香りを感じることができます。

お茶が中国から日本に伝わったのは、平安時代の初期に遣唐使が持ち帰ったのが最初と言われています。製法も飲み方も今とはずいぶん違うタイプのお茶でしたが、「茶色」がブラウンを表すように、その当時のお茶の色はブラウンだったと思われます。鎌倉時代の初めに栄西が伝えたのが抹茶でした。抹茶の製法が今とあまり変わらないものであったとすると、今ほど鮮やかではないにせよ、緑色だったのでしょう。

そして抹茶にならない茶葉は加工して貯蔵され、庶民にも少しずつ楽しめるようになっていったのではないでしょうか。長く保存しておいたお茶を美味しく飲む方法をさがして、人びとが工夫を重ねるうちに「ほうじ茶」が出来てきたように思います。

数年前に私どもは工場を新しくし、ほうじ茶室にも新しい設備が入りました。何よりご近所にほうじ茶の煙のご迷惑をかけないようにと、フィルターを何重にもして室外によけいな煙を出さないように工夫をしています。それでも香りだけはどうしても屋上から外に放出されてしまい、風の強い日にはけっこう遠いところまでその香りが運ばれるようで、良い香りを楽しんでいますと思わぬ方から言われてびっくりすることがあります。

焙じ機への茶葉の投入が自動化されたり、釜の中の温度がデジタル表示されたり、以前に比べるとずいぶん省力化が進みましたが、焙じの火加減は作業担当者の目だけが頼り。つねに標準見本となる茶葉と見比べながらこまめにバーナーの開け閉めを繰り返してくれています。こうして出来上がったものは必ずその都度、試飲審査をし、香りや味、色などをチェックしています。

ほうじ茶は茶葉だけでなく「柳」の茎の部分だけを集めて焙じた「茎ほうじ茶」、これは茎独特の甘みが濃厚なところが特徴です。また焙じ作業をしているときに出てくる粉を集めた「焙じ粉」、姿形は葉の砕けた粉ですが、元の葉や茎の美味しさを充分持っていながらお求めになりやすい、お徳なお茶もあります。

ほうじ茶の淹れ方は簡単です。湯冷ましなどせず熱湯をそのままお使いください。ふんわり良い香りが広がります。茶葉がお湯と出会ったら三十秒を目安に抽出してください。こうしますと二煎目、三煎目と楽しむことができます。

暑い夏には大きなやかんで、もちろんやかんの大きさにもよりますが一掴《ひとつか》みほどの茶葉をお使いくだされば一度にたくさんのお茶が作れます。茶葉がずっとお湯につかったままだと濃くなりえぐみも出てきますので、少しおいて別の容器に移し替えてお飲みください。粗熱を取って冷蔵庫で冷やしておかれるとよいでしょう。冷やしたほうじ茶を水筒に入れて、野外で飲むのが夏場の水分補給には一番です。

ティー、チャイ、チャ

平成十九年(二〇〇七)のことになります。パリ、ケルン、ローマそしてアルザス・コルマールの四か所で、現地の方々を対象にした「日本茶の教室」をいたしました。食に関わる編集者でパリ在住の日本人女性のお誘いで、おもにそれぞれの都市にある日本文化会館という施設をお借りし、国際交流基金の現地スタッフの方にお手伝いいただき開催できたものでした。

茶葉や急須、茶筅などの茶器は、事前にそれぞれの場所へ航空便で発送しましたが、まずは無事に届くかどうかが不安でした。結局届いたという連絡を受けられないところもあったため、予備の茶葉や急須類を手荷物に詰め込んでの出発になりました。私ども夫婦と社員二人の計四名、まるで旅芸人の一座のようなものです。

現地に到着するやいなや先に送っておいた荷物の確認、会場の下見、当日のお客様の動線などを含めた場所割り、湯沸しや水まわりの段取りも整えます。軟水のミネラルウォーターも事前に用意しておかねばなりません。それから会場内のパソコン関係のチェック、通訳の方との打ち合わせとリハーサル。

こうして当日の本番を迎え、終了後にはすぐに片付け日本に送り返すものと次の会場へ持参するものを選り分けて荷造りし、お世話になったスタッフの方々と名残を惜しみつつ次の都市へ移動、ということの繰り返しでした。京都から持参したお菓子のほかに、現地で求めた日本茶に合うお菓子のご提案も好評でした。

限られた時間の中で通訳の方を介して日本茶の説明をしたうえで、さまざまな茶種の試飲もしていただくとなるといろいろ工夫が必要です。ウェルカムドリンクは熱々のほうじ茶を紙コップにご用意しておき、玉露は水出しで事前に作り置きしておき、実際にお客様の目の前でお見せするのは、煎茶を急須で淹れることと、抹茶を茶筅で点てること。

会場ごとに収容人数や設備の状態はさまざまで、講演と試飲の段取りを組むのはなかなか大変でしたが、いずれの会場でもお越しいただいた方々にはご満足いただくことができ、ほっとしたものでした。


このような経験があったため、平成二十二年（二〇一〇）十月下旬にトルコで日本茶についての催しをしてほしいというご依頼には、比較的気軽に取り組むことができました。イスタンブールとアンカラの二か所で、日本トルコ友好百二十周年を記念しての「ジャポネスク」というイベントに参加するものでした。家庭料理研究家の頴川《えがわ》邦子《くにこ》先生、お香の松栄堂さんと私どもの三者が共同で、現代の日本人の普段の生活文化の一端をトルコの方々へご紹介するのが主な目的でした。

トルコには「チャイ」という紅茶を飲む文化が根強くあるそうで、この「チャイ」と「日本茶」の共通点や相違点を際立《きわだ》たせながらご説明し、そのうえで日本茶を味わっていただけば良いと計画いたしました。しかし「チャイ」はずいぶん甘くして飲むものらしく、はたして砂糖を入れない日本茶を口にしてくださるかどうかなどあれこれ不安でもありました。

お茶はもともと中国の雲南省あたりが原産地で、四千年以上前から飲まれていたこと。陸路や海路を経て世界各地へ伝えられたお茶は、「チャ」や「テ」または「ティー」という共通の音感を持つ名前として広まっていったこと、おなじ「茶の木」から緑茶、中国茶、紅茶が作られること、それぞれの違いは茶摘後の製茶の仕方にあることと、日本茶には茶畑に覆《おお》いをして日光を遮って作る「玉露」「抹茶」と、日光を浴びせて作る「煎茶」「番茶」の四種類があることを世界地図や画像を使いながら説明することにいたしました。

実際にやってみると、日本の煎茶畑の画像が、トルコの黒海沿岸のリゼの茶畑風景とよく似ていることにも興味を持ってくださり、日本茶が健康に良いかどうか、ダイエットになるかどうかなどの質問も頂戴し会場内は打ち解けた和やかなものとなりました。

試飲では、砂糖が要るかどうかという懸念《けねん》は吹っ飛び、ほうじ茶・水出し玉露・抹茶・煎茶それぞれをそのまま味わってくださいました。どれがお気に入りだったかお尋ねしてみると、いずれのお茶にも手が挙がりましたが、煎茶を気に入られた方が一番多く日本での消費量の割合と同じ結果に。参加者に女性が多かったこともあり、普段トルコでも「チャイ」に砂糖を入れないで飲む方も結構いらっしゃいました。

京都から持参した胡麻《ごま》風味煎餅《せんべい》と五色豆もお楽しみいただけました。トルコのお菓子で日本茶に合うものとして選んだのは、「ロクム」というお土産物にもされるような有名なお菓子で、日本の「求肥《ぎゅうひ》」に似た甘い生地の中に胡桃《くるみ》やピスタチオが入っているものでした。

イスタンブールでは朝、早起きをしてホテルの周りを散策しました。小麦がたくさん収穫されるからか、町のあちらこちらにパン屋さんがありました。朝暗いうちから店の奥で焼かれたバゲットのようなパンは、ウィンドウ一面に次々と立てて並べられ、それは見事でした。チーズやヨーグルトなどの乳製品、野菜、海産物など豊富で新鮮な食材を使った独特のトルコ料理はじつにおいしいものでした。

市場へ行きますと、シルクロードが通っていたことを感じさせる、さまざまな種類の木の実や香辛料などの豊富さに目をひかれました。ざくろジュースを搾《しぼ》っているジューススバーでは、思わず足を止めて注文してしまいました。お茶屋さんもあり、たくさんの紅茶の並ぶ片隅に煎茶や抹茶の入った缶もありました。蓋《ふた》を開けて見せてもらうと、中にあったのは色褪《いろあ》せて香りの飛んでしまった劣化のすすんだ茶葉で残念に思いました。

細かく挽いた粉状のコーヒーで淹れ上澄みだけを飲む濃い味のトルココーヒーも人気ですが、煮出して作られるチャイは一日に何杯も飲まれるようです。食器屋さんではこのチャイ専用のダブルポットの茶器がたくさん売られ、下のポットでお湯を沸かしその上に置かれたもうひとつのポットに茶葉をいれて煮出すのだそうです。また煮出した紅茶が濃すぎるときは、下のポットのお湯で薄めるとも聞きました。ホテルでの朝食の折ちょうど隣で飲む男性を観察していると、受け皿のついた手のない小さなガラスのチャイのカップに迷いもせずに角砂糖を二個入れ、すばやくかき混ぜるスプーンのカチャカチャという音が響いていました。

私たちが滞在したイスタンブールもアンカラもトルコの中では西の方にあります。地図を広げ、北東の黒海沿岸に広がるリゼの茶畑を想《おも》いました。こちらのお茶の苗木はそもそも日本から取り寄せられたものと聞いて、露天園のその茶畑を是非いつか見に行ってみたいと思うのでした。

寺町通二条上ル

旅行で初めての地を踏んだ時、どんなところにいらっしゃいますか。名所旧跡を地図片手に回ってみるのも楽しいものですが、私はしばらく歩き回ったあとでその土地の生活の匂《にお》いのする場所を探索してみたくなります。市場とか昔からあるような商店街など、その土地の生活が垣間見《かいまみ》えるようでわくわくしてしまいます。

京都の町なかに住まいしておりますと、ガイドブックを覗《のぞ》き込んでおられる旅行客らしき方を大勢お見かけします。そこには決して載っていないような、京都人のふだんの生活などをご覧になればきっと喜ばれるだろうなとひそかに思ってしまいます。

京都には一年間に五千万人もの方が観光に訪れてくださっているそうで、まことにありがたいことです。春秋の季節の良い頃はもちろん、葵祭《あおいまつり》、祇園祭《ぎおんまつり》、時代祭なども含めて一年を通してどこかで行事があり、何がしか見どころがあり、住まいをしている私でさえ訪れたことのない場所やお祭りなどまだまだたくさんあります。平安京に遷《せん》都《と》されたとき、唐の長安の都にならって東西南北に碁盤の目のように大路小路を張り巡らせた京の町、姉妹都市のパリと比較されることがよくありますが、徒歩や自転車で動き回るのにまことに程よい広さです。路面電車はなくなってしまいましたが、バスや地下鉄があり使いこなせればとても便利です。

私どもの店があります寺町通の一条通以南は、千二百年前の平安京の頃、ちょうど町の一番東側を南北に走る東京極大路《ひがしきょうごく》に重なるところです。寺町通と名付けられたのは四百年余り前のこと。豊臣秀吉が天下を取ったあとで京の町なかに点在していたお寺を何か所かに集めた内の一か所で、京都の町の周囲を囲むように作った御土居《おどい》(城壁のようなもの)に沿い、鴨川の西側を南北に貫いてお寺が立ち並ぶ道だったようです。その後江戸時代に人びとの通行に不便だからと御土居が少しずつ崩され、また何度かの火事でお寺も焼け、寺町通の景色も少しずつ変わっていったのでしょう。寺町通をはさんだ向かい側の町名が「要法寺前町《ようほうじまえちょう》」で、昔は私どもの店の場所に「要法寺」というお寺があったことが分かります。宝永の大火(一七〇八年)で焼けたあと「要法寺」の再建は別の場所でされ、今では近所にお寺はひとつしか残っていませんが、私どもの店から北へ二キロほど行くとお寺がずっと立ち並ぶまさに「寺町通」

がまだ残っています。

この南北に走る寺町通に東西に交わり、京都市役所が面している道が御池通《おいけどおり》です。この御池通をはさんで寺町通の南部分は繁華街の四条通までアーケードが設置してあり、観光客向けのお土産屋さんが目につく商業地です。修学旅行のバスはこの大きな御池通に停められ、京土産や若者向きのグッズを求める生徒たちでにぎわいます。

御池通から北へ向かうと人の行き来も少しまばらになり、落ち着いた町並みには生活している人向けのお店が多くなるようです。そして寺町通の道幅が、二条通から丸太町通までは少し広がります。明治二十八年に寺町通に路面電車を走らせるために道を拡幅したからで、その頃は町中のメインストリートだったようです。その後大正十五年にはすぐ東側の河原町通に路面電車が移設され、寺町通は両側に歩道と街路樹のある落ち着いた町に変わり、いま歩道には銀杏《いちょう》が植わっています。春先にはごつごつとした幹や枝に小さな葉が芽吹き、夏ともなれば生い茂った葉が程よい木陰を作ります。毎朝の落ち葉掃きは大変なのですが秋になると黄金色に色づきます。また銀杏の根元には、いつの間にかあたりの住人に植えられた紫陽花《あじさい》や南天《なんてん》、小さな草花がこの四季折々の変化とともに目を楽しませてくれます。

京野菜の「八百廣《やおひろ》」、若狭《わかさ》や明石の魚を扱う「大松」、蒸し寿司も美味しい「末廣」、牛乳屋さんも寺町通沿いにあります。「この三度豆、上賀茂のやし、やわらこうて胡麻よごししはったらどうどす」と野菜を眺めてる私にレジ番をしながら話しかけてくれた八百廣のおばちゃんのことは今も懐かしく思い出します。「三月書房」は店主好みの本だけが棚に並ぶかなり特色ある本屋さんで、ご主人は店奥のレジの前でいつも本を読んでおられ、本好きの私の夫は「ええ仕事やなあ」と羨《うらや》ましがっています。また店奥の作業場で作る飴《あめ》だけを売る「豊松堂《ほうしょうどう》」。お肉屋さんも角を曲がってほんのすぐ。歴史あるパンの「進々堂」、茶道具の「都屋」のほかにもたくさんの茶道具屋さんやギャラリー、筆や墨や紙の専門店が歩いていける距離に並んでいます。お豆腐、お湯葉、生麩《なまふ》、お味噌《みそ》、川魚、かしわ（鶏肉《とりにく》）、お餅などの専門店も、自転車で行けるところに点在しています。

私がこの寺町通に住まいを始めた昭和五十七年ごろ、大型のスーパーマーケットは自転車で十分ほどの距離に二か所あるだけでした。ひと所で買い物が済むスーパーも便利ではありますが、買い物の楽しみはやはりお店の人との会話にあると思います。売り切れになるような時間にお豆腐屋さんに駆け込んだ私に、「どうしても今日使わはるんなら、端のとこばっかり寄せてやったらどうですす」という具合に助けてくださいます。

さて私どもはお茶の専門店です。茶葉から楽しむお茶の良さを積極的に伝えようと小さな栞《しおり》を毎月制作したり、喫茶室を設けたり、淹れ方教室やイベントを開催し、さまざまにお茶と触れていただく機会を作ってまいりました。茶葉という商品はあくまでも素材であって、最終的にはお客さまの手元でお湯と出会って初めて「お茶」になります。その「お茶」にするプロセスを楽しんでいただき、お茶を美味しく召し上がってくださるファンの方を増やしていきたいと取り組んでおります。

海外からのお客さまも多いので、最近、煎茶や玉露に付けています「茶銘」もローマ字表記よりももう少しわかりやすくイメージしていただけるように英訳も試みました。たとえば「芳泉《ほうせん》」という煎茶は Redolent Spring、「甘露」という玉露は Elixir という具合に。

そして、それぞれのお茶の特徴をお伝えしたり味わっていただいたり、淹れ方や使う道具のことなどさまざまなお尋ねにお答えしたりと、私どもを訪ねてくださるお客さまは、まさにお茶の専門店の売り手との会話を楽しみに来てくださっているはずです。遠方から京都にいらっしゃるたび、お寄りくださる方もおられます。

見渡せば東山や北山の山並みが続き、御所があり鴨川が流れ、たくさんのお寺や神社が点在する町には千二百年の歴史が積み重なり、さまざまなドラマが展開され、また今、私たちの生活が在ります。京言葉は今でもあまり上手になっていない私ですが、いつの間にかこの町が大好きになりました。

お茶まわりのおはなし

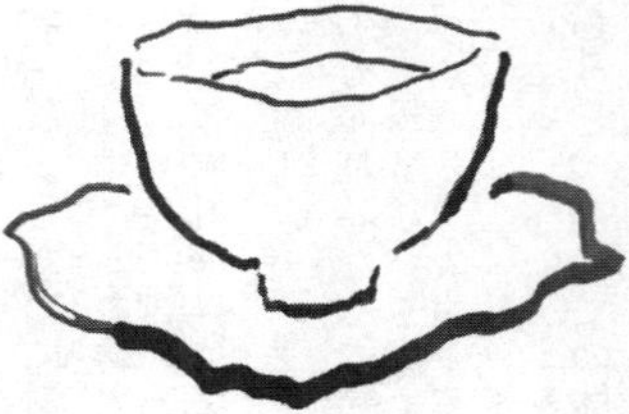

急須《きゅうす》のこと

高校の家庭科学習の一環として、「お茶の楽しみ方」をお話しするために学校へ出向くことがあります。そんな折りに、「急須」という道具を知っていますか？　あるいは「急須」で淹《い》れたお茶を飲みますか？　と尋ねてみます。高校生ともなるとクラスで何人かは、自分で「急須」を使ってお茶を淹れる子もいて嬉《うれ》しくなりますが、その反面ペットボトルのお茶は毎日のように飲むけれど、急須で淹れるなんて縁がないとか、祖父母の家に行ったときにだけ飲むという子が実は大半で、若い世代の想像以上の急須離れに、ただただ驚くばかりです。

でも実際に「急須」を使ってお茶を淹れる経験をしてもらうと、初めての体験で楽しかったとか、お茶の美味《おい》しさが理解できたとか、今までこんな味のお茶を飲んだことなかったとか、さまざまな発見をしてくれます。

そんなことから、もっと小さい子どもたちにもきちんとした「急須」の使い方を教えたいという趣旨で、夏休みや冬休みに、幼稚園児や小学生に向けて、「お茶を楽しむ親子教室」を開催しています。

熱いお湯や割れ物を扱うので注意しなければならないことはたくさんあります。右手で急須の柄を持ち左手で蓋《ふた》を押さえるよう手本を示しても、なぜか左右の手が交差してしまったり……。

でも、きちんと説明してから始めると、緊張しながらも子どもたちの心が高揚してくるのがわかり、じつに活《い》き活きとした雰囲気になります。親子でそれぞれにお茶を交換して味わってもらうと、自分の淹れたお茶を飲んで「ぼくの方がおいしい」と少々誇らしげな顔つきになる子もいて面白いものです。

子どもたちも大人の方も、こうして本来のお茶の味を知っていただくと、たとえ屋外ではペットボトルでも、家では茶葉から淹れたお茶を飲んでくださるようになります。最近では、「急須」で淹れたお茶をマイボトルに入れて持ち歩くという方も少しずつ見かけるようになってきました。


ところで、「急須」という文字から、「お茶を淹れるときに使う道具」を思い浮かべるのは少々難しいものがあります。なぜこのような漢字が使われることになったのか不思議です。語源を調べてみても諸説あるようで、どれが正しいものかよく判《わか》りませんが、中国由来の言葉であるのは間違いなさそうです。日本でこの言葉が使われ出したのは、おそらく江戸時代の初め、黄檗宗《おうばくしゅう》が中国から伝わり、それとともに煎茶《せんちゃ》や普茶料理がもたらされた頃からのようです。

そもそも中国から日本にお茶が伝来したのは、鎌倉時代のはじめ頃のこと。栄西禅師が臨済宗とともに持ち帰ったそのお茶は、「抹茶」でした。当時、中国の「宋」では抹茶が愉《たの》しまれていたようですが、その後は廃《すた》れてしまいます。一方、わが国ではお茶の産地当てゲームのような「闘茶」を庶民までもが楽しむほどさかんになり、やがて時代を経るうちに点前《てまえ》作法の様式化がすすみ、最終的に千利休によって「茶道」として大成されました。

抹茶をつくる過程の副産物としての「番茶」はずっとつくられていたでしょうから、鎌倉時代から安土桃山時代にかけて、武士や僧侶《そうりょ》などそれなりの立場の人々は「抹茶」を喫し、庶民の日常では「番茶」が飲まれていたものと思われます。

何度も申しますが、現在私たちが飲んでいる「煎茶」の製法が確立されたのはいまから二百八十年ほど前の江戸時代の中頃、京都の南、宇治田原でのこと。「茶畑で摘んだ新芽をまず蒸気で蒸して酸化酵素の働きを止め、熱を加えて揉《も》みながら乾燥させていく」――この原理は現在でもまったくそのままです。手摘みから機械摘みに、セイロ蒸しから蒸し機へ、手揉みから機械揉みへ変化して、衛生的で品質の高い均質なお茶が大量に製造できるようになりました。

こうしてできあがった「煎茶」を美味しく淹れるのに必要な道具が「急須」です。くるくるっと揉みこんだ茶葉をお湯（時に水でも）に浸すと、「より」がほぐれて茶葉が広がり、そのとき茶葉に含まれている旨《うま》み成分がお湯のなかに溶け出してお茶になります。ですから良い「急須」の条件とは、茶葉がしっかり広がるための充分な深さと広さがあり、蓋の口径が広くて茶葉や茶がらの出し入れがし易《やす》いこと。さらに言えば蓋がしっかりと密閉され、傾けてもお茶が漏れ出すことがなく、しかも注ぎ口から底に伝って尻漏《しりも》れしないことでしょう。

蓋のところが小さくて茶がらを取り出しにくいもの、注ぎ口が上部にありすぎてタイミングよく注ぎにくいものなど見た目のデザイン優先で使い勝手が二の次というものも多く、また中にアミ茶こしが装着してあり、一見便利そうだけど茶葉が充分に開くスペースのないものも見かけます。このような急須には別の使いやすい急須で抽出したお茶を入れ替え、サーブするとき使うのが良いかもしれません。

　ところで、教室にきてくださった方へのアンケートからもわかるのですが、茶がらのあと始末を面倒と感じる方が多くおられます。これは日本茶に限ったことではなく、コーヒーや紅茶、中国茶の場合でも同じことなのですが、とくに日本茶の場合、「より」がほどけた茶がらはやわらかくて急須の内部にくっつきやすく、最後には中を流水で洗い流すしかありません。その面倒を避けるため、市販のお茶バッグにご自分で茶葉を入れて使われる方もおられます。ピロー形のバッグが大き目のものであっても、袋に入れてしまうと茶葉は充分に広がらず、本来の旨みを抽出できないままになってしまいがちです。微妙で繊細な香りや味という煎茶本来の味わいを楽しむのであれば、やはり急須で淹れるのが一番だと思います。旅先やオフィスなどあと始末が難しい場所では、おいしく出るように工夫されたティーバッグのお茶がお勧めです。

　ところで日本茶の仲間には、茶がらを一切出さずに飲めるお茶があるのです。それは「抹茶」です。茶筅《ちゃせん》と茶碗《ちゃわん》さえあれば、いつでもどこでもお茶を楽しむことができる究極のインスタントティーです。今は少々敷居が高いと感じる方が多い「抹茶」が、実はもっとも飲みやすいお茶なのです。八百年以上前に遡《さかのぼ》る日本茶の歴史が、「抹茶」から始まったというのも不思議な巡り合わせのように思えます。

茶碗と茶托《ちゃたく》

私どもの本店へ併設した喫茶室「嘉木《かぼく》」、ここに用意した茶器は、清水焼《きよみずやき》の真っ白の急須と茶碗でした。

実は百貨店での催しにも、社内でのお茶の品質審査にもこれを使っており、私どもにとって茶碗と言えば、清水焼のことを指していると言ってもいいかもしれません。抹茶用の茶碗は昔から使用していた色や形が異なる京焼のものが何種類もありましたが、煎茶用の茶碗はごくシンプルな白磁だけを、昔から使っていました。急須は方瓶《ほうひん》という手の付いていないものと手の付いたものの二種類があります。

お客さまから「どんな湯飲み茶碗がおすすめですか」とお問い合わせいただくことが、よくあります。陶磁器を扱うお店に行くと窯元《かまもと》も作り手も違う実にさまざまな茶碗が並んでいますが、茶葉を扱う立場からすると、やはり初めは白磁のお茶碗をおすすめします。

まず、お茶の水色《すいしょく》が良く判るように、外側に色や模様があっても茶碗の中は白いものがよろしいのです。そして、飲み口はぽってりしたものより、薄手なほうが口当たりも良く、お茶を美味しく飲めるように思います。清水焼の茶碗は薄く作られているものが多く、熱いお茶が入っていると手に持ちにくいこともありますが、少し湯冷ましして淹れる玉露や煎茶にはちょうど良いようです。

ほうじ茶や番茶など熱湯で淹れるようなお茶の場合は、やや分厚いお茶碗がふさわしいと思います。店内の喫茶室でも、たとえば出雲《いずも》の出西窯《しゅっさいがま》の素朴な茶碗などを使っております。ご自宅で気楽に飲まれる場合は、マグカップでしたら持ち手もついているのでかえって便利かもしれません。

紅茶の場合はカップアンドソーサーとひとくくりで言われるように、多くの場合、茶碗と受け皿がセットになっています。紅茶について研究された本を繙《ひもと》くと、そもそも紅茶の場合アツアツの紅茶をカップになみなみと注ぐのが良いとされており、それをテーブルから持ち上げて口元へ運んでくるにあたり、安全上、カップを受けるお皿が必要となったようです。また受け皿にはスプーンも載せることができます。

その昔、イギリスの労働者が仕事の合間に紅茶を急いで飲まなければならないとき、受け皿に紅茶を移し、冷まして飲み干すということがあったそうです。英国通の友人から「カップに入る湯量は、ソーサーいっぱいに注いだ量と同じなんだよ」と教わったときは半信半疑でしたが、実際に試してみるとその通りで驚いたことがあります。

日本茶の場合でも、ほうじ茶や番茶などは気軽なお茶ですので、大ぶりの茶碗に熱いお茶をなみなみと注いで飲むのが美味しそうだと思います。でもその時に紅茶茶碗のように受け皿がつくことはなく、せいぜいお盆に載せるくらいでしょうか。むしろ玉露や煎茶など上等のお茶をお客さまにお出しする場合には、茶碗に対して少し控えめの分量のお茶を注ぎ「茶托」に載せてお出しします。

もともと茶托は中国から伝来したもので、お寺で仏様にお茶をお供えするときに、蓋付きの茶碗を貴人台に載せたことから伝わったと聞いています。

茶碗にたくさんの種類があるように、茶托にもさまざまなものがあります。錫《すず》や銅、木地のものや漆器などの材質、また大きさや形もいろいろ見かけます。茶碗の高台《こうだい》や全体のバランスが合えば、洋服を替えるようにさまざまに組み合わせも楽しめます。

湯冷ましをしたものを急須に移したりするうちにどうしても茶碗が濡《ぬ》れたりいたします。大切なのは茶碗の底、高台の水気を乾いた布でよく拭《ふ》き取っておくこと。これを忘れると、茶托が軽い場合、茶碗を手に持ったときに一緒にくっ付いて持ちあがり、やがて落ちて大きな音をさせることがあります。

そういえば、器とお茶の量ということで思い出したお話があります。以前茶道の先生がドイツで抹茶の点前を披露された時のこと。あるドイツ人のお客さまが、抹茶茶碗の三分の一ほどに点《た》てられた抹茶を見て、「少なすぎる、なみなみといっぱいにしてほしい」と希望されたそうです。カフェオレなど器にたっぷりと入っているのが普通ですから、その感覚でおっしゃったのでしょう。でも抹茶の場合そんなにたくさんはいっぺんに飲めたものではないと思います。大きな茶碗に控えめな量の抹茶、そのバランスこそ美しいと思う感覚は、とても日本的なものなのかもしれません。

ところで抹茶用のお茶碗の場合は、お茶の色を判断するために内側が白である必要はありませんので、さまざまな色や形からお好みで選ばれれば良いと思います。私どもの喫茶室ではやはり京焼のものを多く扱い、それ以外には若手の作家の方々のもの、季節に合った絵柄などをご用意しております。

茶の湯の場合はお客さまにお出しするのに袱紗《ふくさ》を用いたり、天目茶碗《てんもく》を扱う点前で天目台というものが使われるようですが、受け皿のような茶托を用いることはありません。

子供の頃は痛くなってから行っていた歯医者さん、あまり良い思い出はありません。でも最近は「オーラルケア」という言葉があるように、私も月に一度は歯垢《しこう》が溜《た》まらないように歯医者さんに行っています。ときどき「今回は紅茶やほうじ茶をよく飲まれましたか」と言われることがあります。歯磨きをしっかりしているつもりでも、わずかなくぼみに茶渋《ちゃしぶ》が残っているのでしょうか、磨き方が足りないことを遠回しに指摘してくださいます。

この茶渋は茶器にもつきものです。急須の蓋の当たる部分やお茶碗の底の高台のところには、ちゃんと洗っていてもふと気付くと茶渋が付いていることを見つけるものです。そんな時には漂白液にひと晩つけておけば、新品に戻ったようにきれいになります。

残念ながら口の中は漂白とはいきませんが、唾液《だえき》が自然にその役割をはたしてくれるそうです。体質的に唾液が濃い方や少な目の方は煎茶など渋みのあるものや酸《す》っぱいものを飲んだり食べたりすることによって唾液がしっかり出て洗浄作用がある——これも歯医者さんで聞いたお話です。

いり番茶

息子が大学生になり上京したため、子供部屋が空いたので海外からの交換留学の高校生を続けて二人、ホームステイで預かったことがありました。

　最初はカナダのトロントからやってきたカイル君。朝食のパンにはもちろんご飯のときもミルクを大量に飲み、びっくりいたしました。我が家の普段の食事を「オイシイ」と喜んで食べてくれました。カイル君は倹約家でなるべく小遣いを減らしたくないので、毎日私がこしらえる普通のお弁当を持って通学しておりました。

　次に預かったのはアメリカのオハイオから来たジョー君。武術に興味があって、身体《からだ》づくりのためにと、朝起きてすぐに二リットル近い水を一気に飲むための大きな容器をわざわざアメリカから持参して台所に置いていました。カイル君とは違い、ジョー君はファストフードが大好きで、あまりお弁当を作ることもありませんでした。肉料理のほかには白いご飯と海苔《のり》が大好きでしたが、味付け海苔と焼き海苔のどっちが好きか試してごらんと言いますと、「ドッチモ、オナジ」。ええっ違うでしょうとびっくりすると、すかさず「オカアサンハ、コークトペプシノチガウノ、ワカルカ」。「ボクハワカル。アカチャンノトキカラノンデルカラ」と真顔で言い返されました。

二人には日本茶に親しむ良い機会だからと、いろんなお茶をよく飲ませました。二人ともほうじ茶は好んで飲んでくれましたが、煎茶と玉露のどっちが好きか尋ねると、「ドッチモイッショ」というのが感想でした。用意してあげれば口にしましたが、結局、滞在中には日本茶は二人にとって欲しくてたまらない飲み物にはならなかったような気もします。

しかし時間が経《た》ってみますと、かれらは、まだ味覚が完成されていなかったのではと思えるようになりました。自分のことを振り返っても、いろんなものを味わえるようになったのは、大人になってからです。いろんなものを食べたり飲んだりしてこそ味覚のレパートリーが増えていき、また本当の意味でも好き嫌いがでてくるのではと思います。

煎茶を飲んで後口がさっぱりするというのは事実なのですが、この感覚だって教え込んで理解するというものではありません。何度も飲んでみて、自然とわかっていくことかもしれません。

日本が海外と貿易を始めた幕末の頃、お茶は生糸に次ぐ輸出商品でした。おもにアメリカ大陸に向けて煎茶が輸出されていたそうですから、カイル君やジョー君たちの曾お祖父《ひいじい》さんの一代前か二代前の世代相手にお茶を売り込んでいたわけです。その頃に輸出していた煎茶がどんなお茶だったのか、当時のアメリカの人たちがどんな風にして飲んでくださっていたのか、中には砂糖を入れて飲んでいた人もあったそうで、よくは分かりません。でも当時のアメリカの人たちが慣れ親しんだ普段の食生活のなかで、おなじ嗜好《しこう》性飲料であるコーヒーや紅茶との競争に負けてしまい、主要輸出品目から消えていきました。

　京都に住まう方々が普段よく飲まれるお茶に「いり番茶」というものがあります。これはなかなか個性の強いお茶で、京都以外にお住まいの方からご注文いただくときは、飲まれたことがあるかどうかを必ず確認するようにしています。京都で生まれ育った方が懐《なつ》かしくてお求めくださるのなら良いのですが、初めて「いり番茶」を飲まれる方のなかには、その茶葉の姿や香りに驚かれて、お叱《しか》りを頂戴《ちょうだい》することがあるからです。私どもの店でも「いり番茶」は店頭のお客様から見える場所には置かず、ご注文いただいたら奥から出してお渡しするようにしています。観光客の方がその味や香りを知らずにお求めにならないようにするためです。

「いり番茶」は手摘みの玉露や煎茶の茶畑で、一番茶を摘み取ったあと古葉とともに伸びてきた枝を膝《ひざ》の高さほどに刈り取り、枝や茎も一緒にしっかりと時間をかけて蒸し、そのあと乾燥させたものです。今は乾燥機を使用していますが、その昔はムシロに広げて日干しにしていたようで、「日干番茶《にっかんばんちゃ》」とも呼ばれていました。玉露や煎茶と違い「揉む」工程がないので、出来上がりは開いたままの茶色い葉になります。出荷する前、さらにそれを熱い鉄板の上でざっざっと炒《い》りますので、焦《こ》げているところもあります。その香りが独特で「煙臭い」「タバコ臭い」と感じる方が多く、「たき火茶」と名づけられた方もありました。

でも京都の方にとってはなくてはならないお茶で、朝から晩までずっとこれを飲み続けておられるご家庭があるほどです。京料理のお店で「いり番茶」を初めて召し上がり、興味を持ってくださる京都以外のお客様も少しずつ増えてきました。葉っぱが開いたままですから袋に入れてもかさばるのですが、その割りにお値段も手頃で、カフェインもほとんど飛んでいて赤ちゃんや病気の方にもおすすめできるお茶です。クセのあるものほど、いったん好きになると、それがないと困るくらい虜《とりこ》になるもの。「いり番茶」を飲むとき、いつもこのことを思います。

茶色くて、一見落ち葉のような状態ですので、急須で淹れずに土瓶ややかんでたっぷりと作ります。沸騰《ふっとう》したお湯に二つかみくらいの茶葉を入れ、火を止めて十五分から二十分くらいそのままおいたら、別の容器に出し切ってください。

ずっと茶葉をつけたままにしますとおいしくありませんが、熱いままでも冷たく冷やしてもおいしいお茶です。夫が通っていた小学校の校庭の洗い場にはいつもこのお茶が置いてあり、そばにあったアルマイトのカップの口触りといり番茶の風味が一体になって思い出されるそうです。

カイル君もジョー君も京都在住の留学生仲間とは結束が強く、よく我が家で夕食を共にしたり泊まりに集まったりしておりました。オランダ、南アフリカ、韓国、アルゼンチンなどさまざまな国から来ていました。日本茶をまったく初めて口にするという子もいて、その反応を楽しむのが淹れ手の私にとっては楽しみでもありました。もうすっかり大人になった彼らから、時折思い出したように「オカアサン」とメールが届くのは嬉しいものです。実は中には日本茶が大好きになったという子もいて、おもしろいものだなと思います。

「嗜好品」という言葉を辞書で引くと「栄養摂取を目的とせず、香味や刺激を得るための飲食物。酒・茶・コーヒー・タバコの類」と記してあります。「誰にとってもなくてはならないもの」ではないのですが、飲むことで安らぎを覚えたり、その飲む時間を楽しめるものが「嗜好品」でしょう。

個人的にはお茶がタバコと同列に並ぶのはいささか抵抗もあるのですが、「これが私の好み」と言えるようになるには、それなりに大人にならないと無理かもしれない。でも何が好みとなるかを決めるのは大人になるまでに育つ環境も重要な要素になるのではと思います。ずっと五感を研ぎ澄まして挑んでみると結構新たに好みが見つかることもあり、思い込みに頼らず興味を持っていろんなものを試してみるのも楽しいものです。

そういえば、あのテロ事件によって突然消えてしまったニューヨークの世界貿易センタービル。一九九六年の秋、私はあのビルの中二階の広場で、一週間ほどでしたが京都の物産を集めた催事に参加したことがありました。それは京都のさまざまなお店の商品を展示し、いらした方々にお菓子の試食やお茶の試飲をしてもらうものでした。抹茶は裏千家の支部の方たちが、お茶席を設けてくださいましたので、私どもは煎茶とほうじ茶をその場で淹れ、みなさんにおすすめしました。場所柄、観光客やビジネスマンなど、通りかかる方々はさまざまでした。ほうじ茶は、その味や香りが初めての方でも馴染《なじ》みやすいようですが、煎茶は少し反応が違いました。苦そうな顔をしてやめる方もいましたし、「健康に良いからおいしいね」と理由を付けてくださったり、コーヒーよりグリーンティーが好きなのという方もおいででした。

紙コップに入れて差し上げた煎茶はささやかな量ですが熱かったのでしょうか、展示物を見ながらチビチビと飲んでいらした一人の方が、また私たちの方へ戻って来られました。「初めて飲んだけど、不思議なことに飲んでるうちに口の中がすっきりしてきた。このセンチャをもう一杯」と空になった紙コップを差し出して下さいました。たくさんの言葉を並べて説明した訳でもなく、まっすぐ煎茶を味わって納得して下さったこの一言が、私にはとても大きな喜びとなり、あのビルのことも含めて今も忘れられません。

そんなニューヨークに縁あって平成二十五年から小さなコーナーですが店を作りました。日本からもひとり社員を派遣し、実際に試飲してお茶の味を確かめ、お求めいただくようにしています。インターネットなどの情報力も手伝って、昔と比べ日本茶ファンが世界中に広がることは、まことに喜ばしいことであります。

三角関係

何でもちょっとしたコツを覚えるとすっと物事がすすんだりするものです。実際にやってみて、「なあんだ、そうだったのか」と心から納得されたことはありませんか。

中学生のときでしたか、家庭科で五、六人の班に分かれて、調理実習がありました。お釜《かま》（羽釜《はがま》）でご飯を炊《た》いたことを覚えています。家庭では電気炊飯器が当たり前になりだした頃のこと、それこそ祖母の家でしか見かけないような古風なお釜でした。米に対する水の量を慎重に計量し、火加減担当の人は重い木の蓋をじっと観察しながら時計に気をつけます。ほかのメンバーはおかずの担当。粉ふき芋は、湯がいたジャガイモをざるに取ったあと鍋《なべ》に戻して蓋をし、焦がさないように火にかけます。そのうち表面が乾いて、鍋をゆするとおいもが粉をふいたようになり、ビックリしました。次に一つひとつ卵の重さを計り、「〃およそ五十グラム〃とは卵一つ分のこと」と覚えておくよう先生から教わりました。鍋にたっぷりの水に卵を入れて酢を加え、少しお箸《はし》でかきまぜて、時計とにらめっこをしながら、三分、八分、十二分と三種類のゆで卵を作って、それぞれの味わいの違いにみんなで感心した記憶があります。お料理における計量の大切さ。こんなささやかな経験でも、その後の私のお台所仕事にとっては大切な基礎知識になっています。

さて、お客さまから、どうしたらいつも美味しいお茶を淹れることができますか、というご質問をお受けすることがよくあります。私も他家から嫁いできた身、ここぞというときにうまく淹れられなかったり、ちゃんとやったはずなのに今日のお茶はいつもの味とはちがうなあなどという経験はたくさん積んでまいりました。

亡《な》くなった父は「皆さんつまむお茶っ葉の量が少ないんだ。お出汁《だし》を取る時だって、昆布や鰹節《かつおぶし》をケチってたら美味しいお出汁にはならないじゃん。お茶っ葉は素材なんだからたっぷり使って淹れたら、絶対に美味しいお茶になるよ」とよく申しておりました（父は東京生まれで婿養子《むこようし》。だから熱弁をふるう時は関東弁になりました）。お茶屋の主人が「茶葉をたくさん使ってください」と声高に言うなんて、商売を大きくしたいからじゃないかと世間様からは見えたかも知れませんが、父はそのことをお客さまにきちんと伝えなければ、いつまで経ってもお茶の本当の美味しさを分かっていただけないと真剣に考えていたようです。全国のお茶屋さんに声をかけて、「茶葉をスプーンに山二杯」のテレビ宣伝を実行するべく取り組んでいました。実現はかないませんでしたが、今思い出してもあの時の父のまっすぐな熱意には頭が下がる思いがします。

ただし、「美味しいお茶」というのも、その意味するところは千差万別。人それぞれの味覚の好みによりますから、万人に受けるものはあり得ません。まして日本茶の場合、静岡・京都・三重・鹿児島など、大きな産地それぞれで特色を活かしたお茶が製造されています。おなじ煎茶でもこんなに風味が違うのかとびっくりするほど、さまざまなお茶が出回っています。

ふだん飲まれているお茶が風味の濃い強いものですと、あっさりめの上品なお茶では物足りないですし、その逆もまた然《しか》りです。お茶の小売店では、店主の好みがその品揃《しなぞろ》えに反映されていますから、味覚の好みが近いお店と出会えれば、間違いなく「美味しいお茶」を楽しむことができるはずです。

ウーロン茶や紅茶と同じく、日本茶は乾燥させた茶葉をお湯に浸し、茶葉の中に含まれている成分を溶け出させたものを「お茶」と呼び、私たちはそれを日常的に飲んで、その香りや味を楽しんでいます。

「お茶を淹れる」ことは、茶葉とお湯（時には水）という二つの素材を組み合わせるだけの、とても単純なことです。でもおなじ茶葉とお湯を使って二人並んでお茶を淹れても、必ずしもおなじ風味のお茶にはなりません。それどころか、淹れるたびに風味が異なるように感じることもしばしばです。

素材は茶葉とお湯の二つだけですが、「茶葉の量」、「お湯の温度」、浸しておく「時間」の三つの関係が、味に大いにかかわってきます。この「三角関係」をコントロールすることこそ、お茶を上手に淹れるコツだと思うようになりました。

茶葉の量が多いと濃く、少ないと薄味に。お湯の温度が高ければ渋みが出、湯温が低ければ渋みよりも旨みを強く感じる。浸しておく時間が長いと濃くなり、短いとあっさり味になる――これが原則ですが、お茶屋さんが提唱するその目安もさまざまあり、旨みを楽しみたいとき、渋みによって覚醒《かくせい》したいときなど、お茶に求められる美味しさもそのときどきで違うのではないでしょうか。

たとえば煎茶。茶葉が大さじ山二杯入った急須に、一煎目は湯飲みに一度移し替えて少し冷ましたお湯を入れ、一分待って旨みを引き出します。二煎目は、葉が開き始めているのでさっと出すところですが、ここで新しい試みとして、お湯でなく氷水を入れてみましょう。温度が低いので待ち時間は三十秒ぐらい。すると、さわやかに冷たい、また違うお茶のように楽しむことができます。

茶葉が生産者の方々から問屋さんへ、また問屋さんから私どものような小売店に流通するときに、必ず茶葉の官能審査がなされています。それはお米や日本酒、ワインなどでも行われている品質のチェックです。乾いた状態の茶葉の色や形、香り、手触りなどを見たあと、まったく同じ条件のもとでお湯を注ぎ入れます。茶葉の量、お湯の量、お湯の温度、浸しておく時間を等しく整え、試験急須で抽出。これを真っ白な茶碗に注ぎ出します。お茶の色を見、香りを嗅《か》ぎ口に含み、口に広がる味や喉越《のどご》しの香りなどが判断の要素となります。試験急須に残る茶殻の色や香りも見ます。私どもでは問屋さんから見本茶葉が届いた時の仕入れ審査と、私どもでブレンドをしてお茶を作り上げた時の合組《ごうぐみ》審査を経て、お客さまのお手元へ届けるお茶が出来上がります。

美味しいお茶を飲みたい――そういうときは自分流でかまいません、急須を使って淹れていただく、これが大切なのです。そのうえで、適量、適温、適時の「三角関係」を念頭に置いて、アツアツも良し、冷たく淹れても、またぬるめの旨みたっぷりも魅力的。自由自在にご自分のお好みの淹れ方を見つけてごらんになるのはいかがでしょう。決して男女の複雑な恋愛関係のように難しいものではございません。ゆったりとした時間の流れのなかで、ちょっと一服してひと休み。こんな気分こそが、お茶を美味しく淹れるための隠れ技かもしれません。

ティーバッグ

ヨーロッパの博物館やアンティークショップで昔の食器があると、ついじっと見入ってしまいます。なかにはソーサー付きのカップに取っ手のついていないものがあり、ついているのが当たり前だと思っていたので、ちょっと不思議な気がしました。中国や日本の茶器には取っ手がついていませんから、十七世紀頃、ヨーロッパに初めて輸出された磁器にも取っ手がついていなかったはずです。その後ヨーロッパでも磁器が作られるようになり、取っ手のついたカップが生まれたのでしょう。

十七世紀の初め、日本では江戸時代が始まるころ、オランダやイギリスが東インド会社を設立して、アジアの品物をヨーロッパへさかんに輸出するようになりました。それまでも永らく「シルクロード」を通じてアジアとヨーロッパの間で人や物の往《ゆ》き来《き》はありましたが、大航海時代に開かれた航路を通って、大量の品物が短期間で輸送できるようになり、そのなかに中国や日本のお茶やお茶を飲むための器も含まれていたのです。

そのお茶は今でも中国や日本で飲まれている「釜炒茶《かまいりちゃ》」だったと思われます。また器は中国製の磁器にはじまり、やがて日本製の「伊万里」なども運ばれていきました。ちょうどその同じ頃に中東からコーヒーもヨーロッパに伝わったようで、十七世紀から十八世紀にかけて少しずつ人々の生活のなかに嗜好性飲料や器を楽しむ暮らしが浸透していったと考えられます。

中国や日本からヨーロッパへ輸出された「緑茶」が赤道を越える長旅の途中で酸化してしまい「紅茶」になってしまった、というまことしやかな話を聞くことがありますが、これは上手にできた作り話です。茶畑から新芽を摘んですぐに蒸して酸化を止め、乾燥させて緑色に仕上がる「緑茶」に対し、紅茶は摘んだ新芽を完全に酸化させてから乾燥して作ります。酸化を途中で止めたものがウーロン茶です。おなじお茶の新芽から作るのですが、酸化させるか、させないかという工程の違いだけで、見た目や味、香りが全く異なるお茶ができるのです。決して緑茶が紅茶に変わるわけではありません。

紅茶独特のあの香りは、摘み取り後の完全なる酸化の作用から、初めて生まれるものなのです。とにかく当時の船旅で、おいしいまま緑茶を運ぶということが、いかに難しかったかはご想像いただけるでしょう。

中国からの「茶」の買い付けが増えるばかりで困っていたイギリスが、インドのアッサムで茶の木を発見したのが十九世紀の初め頃、その後ダージリンで中国のお茶の木の移植に成功したのが十九世紀半ば、セイロンでのお茶の栽培が始まったのが十九世紀後半と、二十世紀になる前にイギリスはお茶の産地をアジアにある自国の植民地に自前で持つことができるようになりました。

イギリスといえば「紅茶の国」というイメージがありますが、その歴史はせいぜい四百年前に始まり、茶葉の生産が盛んになりだしてからでもわずか二百年ほどのものなんですね。比べるわけではありませんが、抹茶が伝わった鎌倉時代から数えると、八百年を越える日本におけるお茶の歴史にはとても敵《かな》わないところです。

でもイギリスには二百年ほど前に始まったといわれる「アフタヌーン・ティー」という習慣があり、それは午後三時頃から夕方にかけて軽いサンドウィッチなどと一緒に紅茶をゆっくり楽しむものだそうです。もう三十年近くも前ですが、ロンドンに駐在していた友人を訪ねたことがありました。立派なホテルでその「アフタヌーン・ティー」を体験しようと連れて行ってくれました。出された薄いサンドウィッチや小さなお菓子、スコーンも美味しく、紅茶とともにゆったりとした時間を過ごすその「アフタヌーン・ティー」なるものに感動した覚えがあります。日本ではちょうどペットボトル入りの緑茶が出回り始めた頃で、お茶を楽しむ考え方のあまりの違いにも驚きました。

さて、そのすてきな「アフタヌーン・ティー」のとき、茶葉のようすを見てみようとティーポットの中をのぞいてみると、なんと、入っていたのは「ティーバッグ」だったのです。そのそばには蓋つきの銀器に熱々のお湯も添えられていました。格式あるホテルでの「アフタヌーン・ティー」でも、便利な「ティーバッグ」を使うという合理的な考えにびっくりさせられました。

そもそもティーバッグは、二十世紀の初頭に紅茶の茶葉見本を絹の袋に入れてお客様に配ったところ、それをそのまま湯に浸すものだと勘違いして飲用されてしまったことから始まったものだという説があります。偶然の産物とは言え、お茶に関わる長い歴史の中でも、かなりエポックメイキングな出来事に違いありません。茶葉をあらかじめ袋に詰め、それを湯に浸してお茶を出す、袋は取り出してそのまま捨てる、茶殻の始末も不要でとても便利、ということで紅茶の「ティーバッグ」は急速に普及していきました。それに倣《なら》うようにして日本では、昭和四十年頃から、緑茶の「ティーバッグ」が販売され始めました。しかし袋に詰める茶葉には粉茶を使うことが多く、「ティーバッグ」のお茶は便利だけどあまり美味しくないという評価もあったと聞きます。

私どもの昔の定価表を出してみますと、昭和四十八年版から「ティーバッグ」が並びだします。玉露・煎茶・ほうじ茶の三種類で、亡くなった父が開発したその商品は「粉茶」ではなく「芽茶」を使ってこしらえたものでした。「便利で、なおかつ美味しいティーバッグを目指してつくったんだ」と自慢げに教えてくれた父の顔が思い出されます。ひとり分のお茶を用意するのに、ティーバッグはとても便利、旅行の折のホテルの部屋や、入院のときなどにも重宝するものです。

お茶を飲むときに困ることは、という問いかけに一番多く寄せられる回答が「茶殻の始末が面倒くさい」というものです。その解決策としてティーバッグは持ってこい。お茶が良く出て、しかも味に影響を与えない、ごみとして処理し易い素材を使った商品がたくさん見られるようになってまいりました。

最近では茶葉が袋のなかでしっかり膨らむことのできるスペースを確保するため、ピロー形からテトラ形へと形状も変化してきています。またひとりで楽しむティーバッグだけではなく、数人分の、急須やポットでも使えるようなサイズのティーバッグも出回ってきています。

このごろは紅茶も、英国の文化とともにたいへんな人気です。私が子どものころは、茶漉《ちゃこ》しに紅茶の葉を入れ、カップの上においてお湯を通すのが普通でした。しかし近頃は銀器や美しい模様のティーポットをそろえたり、また、熱湯を注ぎ、茶葉をうまくジャンピングさせるなどという、美味しい淹れ方の情報も広まってきました。

お茶を扱う者としては、急須を使って茶葉から淹れるお茶の美味しさを多くの皆さまにゆっくりと楽しんでいただきたいと願っております。でも一方で時間や余裕がないときでも美味しくお茶を楽しんでいただくために、便利なティーバッグの活躍にも期待しております。少なくともペットボトルから直接飲むよりは、はるかに美味しく、ゆったりとした気分で楽しんでいただけるように思います。

外で飲むお茶

山陰の小さな町の開業医だった私の家では、忙しかったからでしょうか、小学生の頃の夏休みや冬休み、幼い弟たちとともに少し離れた祖父母の家によく預けられたものでした。母に見送られ、子どもたちだけで汽車に乗せられて出かけました。昭和三十年代から四十年代のこと、駅では大きな木箱に駅弁を積みこんでそれを首からベルトで吊《つ》るした、駅弁売りのおじさんを見かけました。汽車がホームに到着して発車するまでの間に、大声を張り上げながら動き回って売るのです。また乗客のほうも窓から身を乗り出すようにして注文したり、デッキから飛び出して行って大急ぎでみなの分を買いこんだりしていた光景を覚えています。

その頃の駅弁に付きものだったのは、小さな土瓶の形をした厚手の焼きものに入ったお茶でした。逆さまにかぶせられたお茶碗が蓋《ふた》がわりになっていて、それにお茶を注ぎだすのが子ども心に何となく誇らしかったことを思い出します。おそらく家でお茶を淹《い》れてくれていたのは母だったので、小さな器ではありながら、おままごとではなく、自分で本物のお茶を淹れることが少しお姉さんになったような気分だったかもしれません。

　旅先から祖父や父が持ち帰ってくる駅弁のお茶の土瓶はとても良いお土産で、幼い私には持ち合わせのセルロイドのままごとセットよりも何かとても上等なものに感じられました。でも焼きものの土瓶は姿をしだいに消していき、ポリ製の半透明の容器に替わっていきました。確かに焼きものの土瓶は重たくて割れやすく、駅弁売りのおじさんにとっては軽いポリ製のものに替わってずいぶん楽になったことでしょう。軽く軟らかい材質だからかお茶が入るとこぼしてしまいそうで、針金の持ち手を持ってぶら下げるようにしていました。ただ飲み終えた容器は、ちょうど写生の時に使う水入れや筆洗としてはとても便利でした。

　振り返ってみると私が子どもの頃から大人になるまでの長い間、外へ出かけたときにお茶を買って飲むという場面は、この駅弁のお茶くらいだったように思います。高校生の頃、学校の購買部には牛乳や清涼飲料水は売られていましたが、日本茶はおろかウーロン茶もありませんでした。ところがいま、外でお茶を飲みたいときには、人も介さず自動販売機でペットボトル入りの緑茶飲料を買うのは当たり前の光景になっています。せいぜい平成が始まった頃からのことなのですが。

前述したように、私の夫が東京でのサラリーマン生活に終止符を打って、京都の実家に戻り日本茶を売る商売に入ったのが昭和五十七年の春のこと、ちょうど缶入りのウーロン茶が発売されはじめた頃のことでした。それからほどなく昭和六十年頃には缶入りの日本茶が売り出され、しばらくするうち凄《すご》い勢いで町なかの自動販売機の品揃えの仲間入りをし、ジュースやコーラと並ぶものになっていきました。

缶入りのお茶が出回りだして五年ほど経つと、こんどはペットボトル入りの緑茶が売り出されました。それからは大手メーカーがさまざまな種類のペットボトル飲料茶を開発、市場競争が繰り返され、清涼飲料の分野における日本茶飲料のシェアはものすごい勢いで増えていきました。それまで外で買うのは甘みのある飲み物が当たり前でしたが、健康志向も手伝って無糖の飲み物を好む消費者が増えてきたことも大きな要因だったようです。

私が大学生になった頃に、日本で初めてアメリカのハンバーガーショップの一号店が開店しました。そこで驚いたのは、冷たい飲み物を蓋のついた軽い容器に入れて店の外に持ち出しやすくしていたことです。歩きながら飲んでもこぼれる心配がなく、時間をかけて楽しむことができる。これはとても新鮮な驚きでした。その後アメリカのコーヒーショップのチェーン店がたくさん開店しました。お店で作りたての熱い飲み物を外で飲めるのはとても便利で、自動販売機で買う缶入りの飲み物よりもはるかに美味《おい》しく楽しめるように感じました。

八年ほど前から、日本茶でも同じように店でお茶を淹れて、それを蓋のついた容器に入れてお売りすれば、お客様にどこでも楽しんでいただけるのではないかという私どもの社員の声もありました。ちょうどその頃、茶業者が使用する茶袋などの資材を扱っておられる会社が全国のお茶屋さんの店先に「給茶スポット」を用意し、日本茶の需要喚起につながればと活動し始めておられました。またその会社は魔法瓶のメーカーとも提携し、お客様がご自分の魔法瓶のボトルをお茶屋さんに持参されると、それにお茶を入れて売るサービスの広報も同時にすすめておられました。

私どもの店でもこの運動に賛同して店先に「給茶スポット」の看板を掲げ、お客様にお茶を淹れるサービスを開始しました。店内の喫茶スペースでお客様にお茶を淹れることには慣れておりましたが、蓋つきの容器に入れて提供することは初めてで、そのメニューに載せるお茶を何にするか、熱いままかアイスでお出しするのかなど、さまざまに実験を重ねたうえで実施しました。実際に動き出してみると、意外にもお客様は気軽に楽しまれ、とてもお喜びいただけました。お茶を淹れる場面をなるべくお客様に見えるように工夫し、ご自宅でも簡単にできることをアピールする良い機会にもなりました。煎茶・ほうじ茶・玄米茶などさまざまなお茶をご用意し、最近では抹茶も蓋つきの容器に入れてお出しするようになってきました。暑い夏には氷を入れて冷やしてお出しします。お客様が持参される「マイボトル」(水筒)にお茶を入れる場面も、ずいぶん増えてきました。

ご自宅で淹れたお茶を持ち歩く習慣も広まりつつありますが、外でペットボトルのお茶を買われる以外にも、「給茶スポット」で蓋つき容器やマイボトルに淹れたてのお茶を買うということも可能になったのです。この蓋つき容器のお茶のことを私たちは「テイクアウトのお茶」と言っておりますが、米国ニューヨークの私どもの店では、「to go」という表現で販売しています。実は「For here or to go?」(ここで、それともお持ち帰りに?)から来た言葉です。

ちなみにこれまたイギリスなどでは「take away」と言うのだと、海外出張の多いうちの社員から聞きました。英語表現もさまざまです。

茶葉を保存する

寺町通から暖簾《のれん》をくぐって私どもの店に入ってくださると、左側の壁に大きな茶壺《ちゃつぼ》が三十個ほど並んでいます。信楽《しがらき》や丹波《たんば》で焼かれた、直径と高さが同じくらいのもので、昔はこれらの茶壺にお茶を保管し、お客さまのご注文に応じて量り売りをしていたと聞いております。茶壺の正面には、茶銘を表示した紙が貼《は》ってあった跡を今でも探すことができます。もちろん今ではただのディスプレイで、茶壺の中にお茶は入っておりません。

幕末から明治時代の初めにかけて、日本茶が輸出商品の花形だった時代がありました。横浜や神戸からアメリカへ向けてどんどん積み出されていました。その長旅に耐えるお茶を入れる容器は陶器の茶壺だったそうです。茶壺と言っても、私どもで飾っているのとは異なり背の高い細長いものだったとか。その後、破損しやすい陶器に替わって木箱の内側にブリキを貼った「茶櫃《ちゃびつ》」が考案されました。

では、一般の家庭で茶葉はどんなものに保管されていたのでしょうか。以前、夫が

「江戸東京博物館」で開催されていた「モース・コレクション」の展覧会（「明治のころ　モースが見た庶民のくらし」）の図録を求めてきてくれました。モースはアメリカから来た明治時代のお雇い外国人で大森貝塚を発見した人です。図録には、モースが求めた未開封のままの「お茶の缶」が掲載されていました。夫は、「あれは多分六百グラム入りの缶だと思う」と申します。昔のお茶を量る単位は「斤《きん》」で、一斤百六十匁《もんめ》がちょうど六百グラムにあたります。いわゆる「お茶の缶」はその半分の三百グラム、八十匁ほど。いまや私どもでは五十グラムや十グラムの袋入りまでご用意するようになりました。賞味期限のことやご家族の人数の減少などから、なるべく少ない単位でお薦めするようになってきたからです。ともあれ、明治時代でも、お茶は缶に入れて保管されていたことが確認できました。私どもの店の奥の間の天井近くにも、「一保堂」と書かれた大きな黒色の手付きの茶缶がずらりと並んでいます。これらも茶壺に入り切れないお茶の保存容器だったものだと思われます。

ところでお茶屋さんにもよりますが抹茶の販売単位は、一缶で三十グラムか四十グラムが一般的です。煎茶《せんちゃ》や玉露の切りのいい五十グラムや百グラムと比べてちょっと不思議な単位です。これはお茶席で使われる茶器（棗《なつめ》）に入る抹茶の量が約十匁の三十七・五グラム、一斤百六十匁＝六百グラムのちょうど十六分の一にあたります。計量法が制定されて十匁を使えなくなったときに端数は丸めて販売するようになったからでしょう。

「押入れを整理していたら三年前にもらったお宅の煎茶、大事に取っておいたものが出てきました。封を開けていないけど、飲めますでしょうか？」などというお問い合わせをいただくことがあります。割と多くの方が、封を切っていない缶入りなら大丈夫だと思われるのかもしれません。茶葉の色は変わらないように見えても、実際にお茶を淹れてみたら、透明感のある山吹色の水色《すいしょく》とは異なり、赤茶色で本来の香りや味を楽しむわけにはいかないはずです。密封してあれば大丈夫と思われがちですが、少しずつ空気中の酸素の影響を受けて酸化し劣化がすすんでまいります。

私が嫁いだ四十年ほど前のこと、袋入り商品は、ただの紙袋をビニール袋で覆《おお》って二重にしたものに茶葉を詰め、口を紙製の「こより」でくくっておりました。むろん脱酸素剤や窒素などというものも使用せず、密封とは程遠いものでした。当時百貨店の売り場に商品を積んでいると、前を通るお客さまから「ああ良い香り」と言われたそうです。それくらいお茶の香りを外へ放出して売っていたようで、当時はそれで当たり前と思っていましたが、今では考えられないことです。現在は密閉性能の高い袋に脱酸素剤や窒素を封入してお茶の劣化がすすまないように商品を製造しておりますが、時間の経過による酸化の影響から遮断してしまうことはできません。

抹茶と玉露は新芽が芽吹いてから茶摘みまでのあいだ、茶畑全体に覆いを掛けて日光を遮って新芽を育てます。これら覆下茶園《おいしたちゃえん》で栽培される二種類のお茶については、夏を越して秋になってから飲むと旨《うま》みがいちだんと引き立つようになります。茶の湯の世界では十一月に入ってからその年の五月にできた葉茶（抹茶を石臼《いしうす》で挽《ひ》く前の碾茶《てんちゃ》）を茶壺から初めて取り出し、石臼で挽いて楽しむ「口切《くちきり》の茶事《ちゃじ》」があります。ちょうどお茶が美味しくなる時季に当たりこれはまことに理にかなったものだと言えます。五月の風物詩である「新茶」、新茶として楽しむお茶は煎茶ですが、これをそのまま保存して旨みが増すわけではありません。やはり覆下茶園で栽培された抹茶や玉露だけが時間の経過のなかで、うまく「酸素」と協同作業をすることで旨みが引き立つようになるのです。しかし熟成がすすんで旨みが増すことと空気中の酸素の影響を受けて劣化がすすむことは別のものです。上手にコントロールできれば素晴らしいのですがそれはまず無理なこと、私たちにできることは低温で貯蔵して劣化の進行を遅くすることだけです。

いま世の中に出回っているお茶は昔に比べると格段に高く品質を保持されるようになりました。お宅でも、いったん封を切ったお茶は日当たりや暖房などの温度の変化が少ない冷暗所で、常温に置いていただくことをお勧めしております。長期のご旅行などでお出かけの時はその間だけビニール袋などを二重にして、むしろ冷蔵庫ではなく、冷凍庫に入れていただくことをお勧めします。冷蔵庫は案外ニオイの宝庫で、袋自体に冷蔵庫臭がつくことが多いからです。頂き物のお茶がたくさんあるという方にも、開封前なら同様に冷凍保存をお勧めします。しかしいったん冷凍庫から出されたものは、出来るだけ早くにお飲みください。何度も冷凍庫との往復があると、湿気の影響を受けて品質が落ちやすくなります。

袋入りのお茶も現在は包材の品質がよくなりましたので、くるくると口をまいて何かクリップのようなもので封をしていただく保存で大丈夫です。しっかり口を閉じたものを缶や密閉容器に入れて頂くのが、なお結構かと思います。

気密性からいえば昔から錫《すず》の缶が一番と言われていますが最近は銅や銀、ブリキで茶筒専門のお店で作られた、しっかりした缶もございます。気密性がしっかりしていれば直《じか》に茶葉をいれて頂く方が、実際淹れるときには扱いやすいように思います。

とはいえ、どんなお茶でも、お客さまの手元でお茶の旨みを増すことは無理です。

お茶を手に入れられたら、なるべく早くお召し上がりになることこそが、美味しくお茶を楽しんでいただける秘訣《ひけつ》です。

茶事のよろこび

ずいぶん前のことになります。大阪の川沿いのマンションに住んでいらした、私どもと同年代の独身男性の友人から、「茶事」をするからとお招きを受けたことがありました。京都の親しい方々とご一緒の気楽なお席ですからどうぞということで、喜んで伺いました。その友人は普段から茶道のお稽古《けいこ》をされていたわけではなかったのですが、お菓子や料理、書にとても深い知識と教養をお持ちの方でした。そのころの私はまだまともにお茶のお稽古も始めておらず、ましてや「茶事」のことなどまったくと言って良いほど何も分かっておりませんでした。

マンションは川に沿って建っており、入り口の反対側の奥の窓の外には川が流れておりました。入り口を入るとまず洗面所の手洗いの蛇口の下に黒い石が敷き詰めてあり、そこは手を清める蹲《つくばい》の代わりになっていました。その奥の普段はキッチンであるらしきところに簡単な衝立《ついたて》が置かれ、その前のテーブルに小さなテレビが置かれていて音は流れないようにした白黒画像だけの「雨月物語」の映画の一部、川面《かわも》がゆらゆら揺らめく場面が繰り返し流れていました。その画像はお待合の掛け軸の替わりだったのでしょう。しばらくするとダイニングテーブルに移動して、美味しいパスタを頂戴《ちょうだい》しました。お友達のイタリアンのシェフが、目の前のキッチンでお料理されました。これが懐石料理でした。ベランダに出て川を眺め、そのベランダを進んで隣のお部屋に入りました。壁際《かべぎわ》の本棚のなかに小さな横長の額があり、墨痕《ぼっこん》鮮やかに筆で書いた横文字が並んでいました。フランス語で「川は流れる」というような意味だとご説明がありました。

畳に置かれた電気炊飯釜にお湯が沸いており、そこでお点前《てまえ》が始まりました。出されたお菓子はまた別のお友達が作られたという水兵さんの帽子と浮き輪をイメージしたほろほろと崩れるようなクッキーと砂糖菓子でした。お抹茶を頂戴してその「茶事」は終わりました。そして玄関でご挨拶《あいさつ》をして下へ降りていくと、すぐそばの川の船着き場に案内されました。そこにはモーターボートが用意されていて、淀屋橋《よどやばし》までの短い川旅で送ってくださいました。

普通のお茶事も経験したことがなかった若かりし私どもは、とにかく興奮はしたものの順を追ってこうしてこうなってと帰宅してから両親に説明するのが精一杯でしたが、あらためて何と見事なおもてなしだったことかと感嘆するのには時間を要しました。思い出せば思い出すほど亭主をしてくださった友人の、行き届いた心配りや演出は圧倒させられるものでした。

最近ではお茶会へ寄せていただく機会も、月に何度かございます。大勢のお客様と広い会場でご一緒にお薄《うす》だけを頂戴することもありますが、お茶席に入れていただきせいぜい五名から十名ほどで、ご亭主をされている方からお道具の話などを聞かせていただくのはとても楽しいものです。

その日のお茶会のテーマに基づいて、ご亭主の方がお道具の組み合わせを考えて準備をされます。茶道は奥深いとよく言われますが、このご亭主の思いを理解するのに必要な知識や経験がとても幅広く多岐に亘《わた》るからだと思います。床の掛け軸の言葉の意味、それを書いた方のこと、書かれた時代のことなどが理解できないと本当はご亭主の思いが分かりません。花入れに活《い》けてある花の名前、花入れの作者やその銘、飾られている香合《こうごう》のこと、釜や水指《みずさし》、茶入れや茶碗《ちゃわん》、使われているお道具すべてにそのテーマに繋《つな》がる意味があります。何でも携帯のカメラで撮っておくような時代ですが、その席にカメラを持ち込むようなことは無粋です。今の私にはご亭主の解説をお聞きしてもその意味が分からなくてすぐに忘れてしまうばかりですが、ようやくひとつふたつその言葉を覚えて家に帰って、辞書や書物であらためて確認できれば万歳といった有様です。

しかしながら茶道のお稽古は単にその所作をマスターすることだけが目的ではありません。お茶会の場で披露されるお点前の奥に広がる会話や使われるお道具などを含めた総合的な文化芸術活動のほんの一部で、その所作をマスターするだけでもとても困難であり、さらに勉強しなければならないことは山ほどあるということを、やればやるほど痛感させられるものです。お茶のお稽古を重ねている私に、先生はお点前のひとつひとつの所作はいずれ茶事という場で発揮され体験するべきだと常々おっしゃっていました。もちろん先生のおっしゃる茶事というのは、茶道のルールに則《のっと》った正式の「正午の茶事」などのことです。

実は二〇一四年の秋、私は茶事の亭主を務めました。ちょうど還暦を目指して茶名を頂き、その披露を兼ねたものでした。お客さままでお迎えする方々は普段お稽古でご一緒する仲間、そして場所も先生のお宅のお茶室を拝借するということも手伝って、時節の「口切」も含めてすることになりました。お客さまはよく知っている方々という意味では気楽ではありましたが、ずいぶん緊張いたしました。開催日時を半年以上前に決めてからはお茶事のテーマを考え、道具の取り合わせをどのようにすれば良いのか、ほかのことをしている時でも頭の片隅に常にそのことがあり気になっておりました。

自分で用意できる道具、また先生からお借りする道具もありましたが、何と言ってもその取り合わせを考えていく中に「ストーリー」がないと駄目と先生に言われ、大いに悩みました。道具の取り合わせを考えているときにずいぶん行き詰ったのですが、今までの自分のことを思い返してみました。夫との出会いがありお茶を商う家に嫁ぎ、父や母と一緒に生活した頃のさまざまなことを思い出しながらそれにまつわるエピソードを道具ひとつひとつに当てはめてみることにしました。

こうして悩みながら考えていくと、同じことでも切り口や捉《とら》え方の角度で、さまざまに表現ができるということも改めて分かりました。床に飾るお軸ひとつとっても、何故《なぜ》それを選んだのかを考えてみるとおのずから物語が出来てくるものです。しかもそれはプツンプツンと途切れたものではなく一貫したテーマに沿っていき、誰でもない自分らしさを表現するものとなっていきました。

夫の母はこの家に生まれた人で、若い時から裏千家の井口海仙宗匠のもとでずっとお稽古をしていました。母が茶名をもらった折に井口先生から頂戴《ちょうだい》した掛け軸を、今回のお待合に用意しました。「三瓢」という題のお軸で大きさの異なる三つの瓢簞《ひょうたん》の絵に三閑と書いてあります。箱の蓋裏には「花に良し月に佳《よ》し雪さらによし」と井口先生が書かれています。八十六歳で亡くなった母は五十代の半ばで膝《ひざ》を悪くしてから、お茶のお稽古からは離れております。この軸は母を含めて三人のお稽古仲間が一緒に茶名を頂き、みんなで披露を兼ねてお茶会をした折に頂いたものと聞いております。今から思えばもっとこの時のいろいろな話を聞いておけばよかったと悔やまれるのですが、どこからか「あんたも頑張ってるやん」と母の軽やかな声が聞こえてきそうな気もするほどです。

待合では白湯《さゆ》をいれた湯飲み茶碗が出され口を清めます。

本席のお床には、宙寶宗宇《ちゅうほうそうう》という江戸時代後期の大徳寺のお坊さんが書かれた「茶味」という横物のお軸を掛けました。何とも奥深い言葉、茶の味は文字通りのお茶の味はともかくとして、私にとっては人生の味にも受け取れ、その味も変化していくこと、味わうことができるようになり始めたか……などの想《おも》いを籠《こ》めておりました。

正式のお茶事はそのひと月くらい前に、お招きする皆さまそれぞれにまずお手紙でご案内することから始まります。毛筆で巻物のお手紙です。時候の挨拶から茶事のおおよその意味合い、そして時と場所。ご連客の皆さまのお名前もお知らせします。しばらくいたしますと、お客さまからも毛筆でお返事が戻ってきました。

口切はお茶の正月といわれる十一月に行われるお茶事のひとつで、濃茶《こいちゃ》の葉（碾茶）が詰められた茶壺は口覆いをして網に入れられ床の間に飾られています。網からはずし壺を確認し皆に見て頂くところから始まります。口覆いと共に、中にはどんなお茶が詰められているかを記した「御茶入日記」も同じように拝見に回します。そして手元に戻ってきた茶壺の封印を皆さまの前で小刀を使って私が切って蓋を開けました。中から詰め（濃茶用の包みの周りに詰めてある薄茶用）の碾茶がまず見え、これを「じょうご」という木で作られた入れ物に出していきます。すると小さな紙袋に入った濃茶の包みの頭の部分が見えてきます。紙袋の外側についた詰めを払いながらその紙袋を取り出し、塗りの蓋付きの入れ物（挽家《ひきや》）に取り分けます。「じょうご」に出された碾茶は「詰」と書かれたほうの挽家にいれて蓋をします。出しすぎた詰めの碾茶を壺に戻し、また細く切った和紙で封をいたします。封紙を竹べらでのりづけして壺の口に貼っていきます。そして口印には私のハンコを押して封印し、この口切の所作はひとまず終了します。

そのあと炭点前をして懐石を頂いている間、水屋で半東《はんとう》の方がこの碾茶を石臼で挽いてくださりそれを濃茶にいたします。襖《ふすま》ごしに聞こえる石臼を挽く「シュッシュッ」という音に耳を傾けながら風情《ふぜい》を味わい、懐石を頂きます。懐石を頂戴したあとに続けて濃茶のためのお菓子を頂きます。主菓子には「聚洸《じゅこう》」さんにお願いして秋の色のおだまききんとんを用意しました。お客さまは中立ちとしてお茶室をいったん出られ、そのあいだに席をあらためます。

この中立ちのほんの十五分ほどのあいだで室内を清めお床の掛け軸を片付け、その代りに一重切《いちじゅうぎり》の竹の花入れを壁にかけて花を活けます。普段から店や応接間の花を活けるのは私なのですが、短い時間にあれこれしないといけないので、ついつい心が振り回されゆっくり落ち着いてはできません。用意していた美しく紅葉した雪柳の枝と椿《つばき》の西王母《せいおうぼ》を取り合わせました。椿の枝には最初葉が八枚くらいついていましたが、先生にも見て頂きながら不要な葉は落としていきます。何だか必要な葉も落としそうで鋏《はさみ》を持つ手が震えました。

そして先ほど封印した茶壺を網から出し、水屋担当の方が壺に長緒《ながお》と乳緒《ちお》を使って上手に真行草《しんぎょうそう》の飾り結びをしてくださり、それを床に飾りました。こうしてやっと本席の準備が整い、亭主が鳴り物で時を知らせるということで、茶室から銅鑼《どら》を打ってお客さまにお知らせします。

お客さまがあらためて室に入られ、いよいよ本日のメインイベントのお濃茶の点前が始まります。五人分の濃茶を一碗で練る、ということは茶杓《ちゃしゃく》におよそ十五杯の抹茶を練ることになります。実はこの日のために、事前に社員を相手に何度か稽古を重ねた私です。水屋で気楽に五人分を練ったことはあっても、濃すぎず、またゆるすぎず……人前でするのは私にとってはなかなか至難の業でした。何とかお濃茶を練る点前を終え、後炭《ごずみ》といって少し火が落ちてきたところにまた炭をつぐ点前、そして続けて薄茶をお点《た》てして茶事は終了します。

このお客さまのお迎えから道具の準備、茶室の用意から懐石料理、お点前のすべてを本来は亭主を務める私がしなければならないものです。今回は先生のアドバイスをいただきながら、お稽古仲間の方に水屋のお手伝いをお願いし、懐石料理は懇意の仕出し料理屋さんにお任せして、やっと進めることができました。

茶事をするということは、まさに演出家兼独り舞台の役者であり、舞台ではお客さまの為《ため》に働くとでも申しましょうか。もちろんなかなかすべてがうまくいくわけではないのですが、決まったルールの中で道具のことや思いを尋ねるタイミングも大切となります。正客も亭主もともにまだまだ学ぶ身の私たちですので、そのやりとりもそうそうタイミング良くはまいりませんでした。お稽古の茶事なのでポイントでは先生から手順や「ここでこう訊《き》いたらいいのよ」とアドバイスをしてくださいます。とはいえ緊張した雰囲気は続きました。

口切の点前をしていた時はまだ少しひんやりとしていた茶室の中も、炭点前によってしっかり火床ができると大きなお釜も次第にシュンシュンと沸いてきました。先生がお勉強だからとおっしゃって本当に水屋の石臼で挽いたお茶を濃茶として練りました。私どもでお売りしている抹茶はもっと細かく挽かれておりますが、水屋の石臼で挽いた抹茶はやはり少し粗め。でも練ってみるとその分ダマにはなりにくく、微妙にざらつきのある濃茶に仕上がりました。薄茶の席のお干菓子は「亀屋伊織《かめやいおり》」さんにお頼みした、還暦にふさわしく淡い紅色の蟹《かに》の押し物と緑色のねじり飴《あめ》をお出しすると席中がいっぺんになごんだのでした。

私どもの店では、十月ごろから口切茶事をされる先生方から茶壺をお預かりします。茶壺に詰めるお茶については「御茶入日記」として五月の収穫した日付など記します。茶壺にお茶を詰めるのは社員で、私どもでお詰めしたという「一保堂詰」という口印を押すのですが、それと同じ印を記し「入日記」を制作するのは、いつもの私の仕事です。お客さまの手元に渡って行ってしまうものを、こうした席であらためて目にするのは少し気恥ずかしい思いも致しました。狭い空間で実際に点前を進めてみると、点前をしながらいろいろ想いを込めて用意した道具のことをうまく説明するなんて、今の私にはとんでもないことでした。ただ同じひとときを過したお客さまが、少しだけでも心にとめてくださっていたら幸いだと思えました。何か不思議に謙虚な気持ちになってしまい、何とも言えない魅力を感じました。

ずいぶんと前の話になりますが私たち夫婦の結婚式の折のこと、父のアイデアでケーキカットのかわりに茶壺の口切を二人でいたしました。ところが当の新郎新婦は口切の意味すらまったく理解せず、何をどうすれば良いのか分からず立ち尽くすだけでした。私たちのそばについて手伝ってくださった配膳《はいぜん》の方が、「口覆いをまず取って」といわれても口覆いが何かもよく分からずにその場に臨んだという、今思えばまことにハズカシイことでした。そんな昔のことを思い出しつつ、何とか無事に今回の茶事を終えることができました。

お茶の先生方はそこそこお年を召された方でも、本当にお元気な方が多いような気がします。そんなことを申しあげると「やっぱりお抹茶が健康に良いものですからね」とお茶屋冥利《みょうり》に尽きるようなお言葉を頂戴することがあります。もちろん抹茶はビタミンCをはじめ健康に良い成分を多く含むものですが、健康のためだけに薬のようにいただくものでもありません。お元気な証拠はもっとほかにもあるような気がします。

お稽古のこと

ある日もお茶会の待合の席でご一緒した先生は昭和二年のお生まれだそうですがお耳も遠くなく、和服で正座をされたしゃきっとした小柄な女性でした。部屋の真ん中に置かれた大きな火鉢にはよく熾《おこ》った炭があり、ご一緒した方みんなで火鉢を囲んで座っておりました。そのよく熾った炭の脇《わき》に三つばかり補充用の黒い炭が置いてあり、灰には長めの火箸《ひばし》が差してありました。「よお熾った炭やねえ。気づいたお方はこれでどうぞ炭をついでいってということやろねえ」と脇の炭を見ながらおっしゃるのです。それまで静まり返っていたお部屋が、一気にお炭談義でにぎやかになりました。「昔はガスなんてないでしょう、消し炭と小さな木の枝を古新聞の上に置いてまず火を熾す……これが朝一番の仕事やったのよ」「ご飯を炊《た》くにも何をするのもこの火が大切やからね」と戦前のまだその先生がお子さまの頃のお話を伺うことになりました。でも今ではお茶室で炭を使ってはいけないような、気密性の高い建築物もあります。「私もねお稽古の時に炭点前をしたら、すぐに窓を開けて空気を入れ替えるようにしてますねん。そうしんと一酸化炭素中毒になってしまうさかいにね」と。

ついついお元気な秘訣は……と私はお尋ねしてしまいました。

「規則正しい生活とお風呂《ふろ》あがりに自分勝手なやり方で体操をします。これが面倒くさい時ももちろんあります。でもそんな時はちゃちゃっと省略して……でもとりあえずは必ずやる。何でも継続することが大切やねえ」。「家にテレビはありません、あれは時間を取られてしまう。家事しながら聞けるラジオで十分。もちろん携帯電話も持ちません」。お茶に限らずやっぱり暮らしていくうえで、さまざまに小さな工夫をされている様子がうかがえました。「そうやねえ、お茶のお稽古で若い人たちに教えることもいいのかもしれへんわねえ、子どものころの昔話をすると、若い人たちがもっと話してほしいって寄ってきはるねん」と肩をすくめるようにして、にこっとしてお話ししてくださいました。

実は私どもでは社員教育の一環として、細々とですが社内で茶道のお稽古を続けています。お茶を販売する仕事をしておりますので、お客様とのやり取りで「お茶会」のご相談などで応対する機会があり、本格的ではないにしても少しは「茶道」のことを勉強して知っておく必要があるからです。週に一度、茶道の先生に来ていただき、社内のお茶室で数名の者が交代で稽古をしております。お茶席でのお茶のいただき方、つまり客の立場での稽古が続きます。そのうち少し慣れてきたら簡単な「薄茶のお点前」も経験し、お客さまにお茶を振る舞う立場のことを学んでいきます。仕事の合間の限られた時間ですし、会社が繁忙の折には、お稽古をお休みにしますので、なかなかそのお稽古だけで上達するほどにはなりません。それでもお茶席で使われる道具など、普段の生活ではほとんど縁のない茶杓《ちゃしゃく》や柄杓《ひしゃく》、釜や水指《みずさし》、茶碗や建水《けんすい》や蓋置《ふたおき》、それに炭などを実際に使ったり見たりできる良い機会にもなります。

私自身の茶道のお稽古はと申しますと、まだ京都へ戻る前に東京で住まいをしていた新婚の頃に僅《わず》かのあいだ通いましたが、そのあと京都へ戻ってからは子育てに追われて遠のいておりました。社内のお茶のお稽古はずっと続いておりましたが、母がまだ元気でしたので季節ごとに行う「炉開き（『風炉《ふろ》』から『炉』に替えること）」や

「初釜（新年を祝うお茶会）」といった大きな行事の折に少し手伝う程度でした。そのうち普段のお稽古の準備などを、母から教えてもらいながら受け継ぐようになりました。床の掛物を替え、花を活け、お茶碗や蓋置などのお道具も季節のものを準備するといったように少しずつ増えてきたという感じでしょうか。炉開きも、何度か母と一緒にしているうちに言われなくても少しずつできるようになってまいりました。「炉」の灰を整える仕事は真夏、祇園祭の終わったあとの太陽のギラギラが一番強くなるあたりでするのが良いので、夫が手伝ってくれるようになりました。

そんなことをしているうちに子育ても一段落し、その頃から社内のお稽古に来ていただいている先生のお宅へ週に一度伺うようになりました。先生は私より四つ年上、茶の湯の知識においては格段の差はありますが、世代の感覚が近いという親近感がありました。夜のお稽古で時間も限られたものですから、初めのうちは「平点前」だけでも出来るようになればいいくらいに思っておりましたが、不思議にお稽古は長く続けることができもう十年以上になります。教わったお点前をすぐに忘れてしまうようなことばかり続けておりますが、先生のお宅へ伺うだけでも普段の時間の流れとはかけ離れたひとときを楽しめ、またお点前をする間は気持ちが集中するからか何だか自分が「からっぽ」になるような気がするのが不思議でした。釜の湯の沸く音、蓋置に

柄杓を置く時の音、茶筅《ちゃせん》を振ってお茶を点てる時の音、静寂のひとときに、その音まで
も、慈《いつく》しんで大切に思えるのです。

人にものを教える時、教え慣れないとあれも伝えたいこれも伝えたいと、ついつい一度にたくさんのことを伝えるのが親切なような気がします。これは大きな勘違いです。お茶のお稽古でもおなじことがいえると思います。幅広のゆるやかな階段を歩いて行くような感じで始まり、次第にその階段は狭まり段の高さも高くなる、知識の取り込み方も事細かになっていくあたりが同じことだと思います。お菓子がいただけてお茶が飲める時間という気軽さから始まる客振りの稽古、そしてお茶碗を拭《ふ》く小茶巾《こぢゃきん》のたたみ方や袱紗《ふくさ》の扱いを茶室についた水屋といわれる勝手で習い、準備の稽古になり、割り稽古という部分的な所作の稽古を重ねて、しだいにお客さまの前で簡単な点前ができるようになるわけです。

茶道は奥深いとよくいわれます。床の掛け軸を読む、また花の名前を覚えていく、また季節の移ろいとともに変わるしつらいに気を配る、また炭がよく熾るように工夫するなど、まさに国語も理科も歴史もすべての科目が大切となります。

そして何よりも身体《からだ》の動きが大切となることを、先生はよくおっしゃいます。右足から進めるとか左手で置くとかそんな細かい所作をいうのではなく、ただ歩くだけで

も自ら身体の動きを意識するだけで違うということが身をもってわかったとき目から鱗《うろこ》が落ちる想いでした。また姿勢も大切なもの。ただ背をそらしてみるというのではなくお腹《なか》を意識して頭のてっぺんに糸があるようにイメージし、それで吊り下げられているようしていなさいといつも先生はおっしゃいます。姿勢は子どもの頃はよく先生や親たちから注意を受けていたのに、いつのまにか勝手なクセがついていてなかなか直しにくいものです。お湯が入った釜などは結構な重さになりますが、手先の動きだけでは到底持ち上げたり動かしたりはできません。やけどをしてしまいます。お腹には「丹田《たんでん》」と呼ばれる部分がありそれを意識すると身体の重心が定まり動きが楽になるのです。ただそこにある棗や茶碗を移動させるだけでも、腕がつながっている身体を意識して動かすと自分もまた見た目も違ってまいります。

実は私自身少し猫背の傾向がありましたので、それを直すだけでも結構歳月を要しました。普段の生活でもちょっと意識が足りなかったりすると背が丸くなってしまい、何気ない写真でそのような自分を発見することがあります。そしてその所作とともにもうひとつ大切なものが呼吸だと言われました。これも浅い呼吸ではなく、すぅーっと深く吸い込み吐き出す時に動作が伴うとまた違いを意識することができます。先生はその上に骨盤を意識するだけでもっと立居振る舞いが変わってくるともよくおっしゃいます。このような身体の動きについて考えてみると、「静」である茶道がいっぺんに「動」にかわりまたとても興味が尽きないものになってきます。

もちろん時には、お稽古に行くのが面倒な気持ちになったりすることもあります。でも何とか続けてこられたのは、たくさんの切り口があり、茶道の奥深さのお蔭《かげ》で自分なりに常にたくさんの発見があるからかもしれません。持っておられるお人柄によるところも大きいのでしょうけれど、最初にお話ししたお茶会でお出会いした先生や私がお習いしている先生のように、お茶のお稽古だけではなくそのほかの場面でも豊かな時間を楽しんでおられる先輩方がいらして、お会いするたびにたくさんの意味でお手本になってくださるからでしょう。

お茶の時間

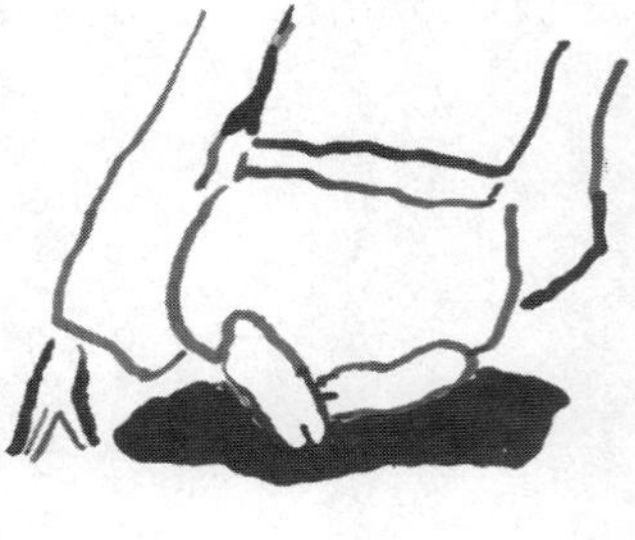

おもち

あたらしい年が明けました。冬至を過ぎた頃から、僅《わず》かずつですが日が長くなってきたことを感じます。晴れた日の冬の夕焼けは、空気が澄んでいるからでしょうか、雲がばら色になって、ほんとうにきれいなもの。だんだんと楽しめる時間も伸びてまいりました。

毎月二回、十四日と月末の朝十時ごろ、北白川から花をあふれんばかりに積んだ荷車をひいて歩いて来られていたのは、白川女《しらかわめ》の田中くめさんです。いつも元気で、つやつやとしたお肌でお年は想像しにくいのでしたが、わが家とは「もう四代にわたる、おつきあいどすなぁ」と笑顔でおっしゃいました。

荷台には、仏壇やお地蔵さんにお供えする小さな花束のほか、神棚に供える「お榊《さかき》」や「荒神松《こうじんまつ》」などが、きれいに重ねられ、籠《かご》をいっぱいにしています。いろんな切り花も載ってます。五月のころは菖蒲《しょうぶ》、祇園祭のころは檜扇《ひおうぎ》。正月前は輪飾り。これからの季節は水仙、続いてお雛《ひな》さんに飾る菜の花や桃といった具合に、季節の花を運んでくださるのです。

「日が早よう暮れて、すぐ真っ暗になるさかい」と急がれる十二月を除いて、必ずうちで、ひと休みしてくださいました。お抹茶と小さなお菓子。そして煎茶《せんちゃ》は必ず二杯、ゆっくりと和む、お茶のひとときでした。うちのほかに、お昼ご飯はどこそこと、おくめさんのお決まりのコースがちゃんとあると聞いていました。

「朝はなあ、いっつもおもち食べてから、出てきますねん」。そっと、おもちの数を尋ねると、照れくさそうに「こんだけ」と指で四つを示してくださいました。朝は四時半に起床され、六時にはおうちを出て夕方まで、一日十キロ以上歩いて、なじみのお家《うち》にお花を届けて回られるのです。

少々ひび割れたお正月のおもちを眺めていると、ふと子どものころのことを思い出しました。正月の休診中でも、「おもちがのどに詰まった」と緊急電話がかかると、慌《あわ》てて診察室を暖めにいっていた父の姿です。

ところがおくめさんも、夫の母が亡《な》くなったのに続いて旅立っていかれました。でも、おくめさんの元気の源だったのは、紛れもなくこの「おもち」。たんといただき、あやかりたいものです。

聞いてはいながら、実行していなかったこと、それはお茶のお稽古《けいこ》で使う炭を、洗っておくということでした。

何だか湿気てしまって火がおこりにくいのではという素人《しろうと》考えと、面倒くさがる気持ちが先にたっていた私。洗った炭は外に置いても良いし、屋内なら新聞紙の上にでも置いておけば、案外すぐに乾きますよと、先生が教えて下さいました。このひと手間で、炭を手で扱っても指先が黒くなることもありません。

流水で洗った炭を新聞紙の上に広げてしばらくすると、「チチ」とか「カリ」という音がし始めました。炭がおしゃべりしているようにも聞こえます。炭火がおこった時に聞こえる音と同じで、乾燥していく音なのでしょう。

茶の湯の世界では、炭の点前《てまえ》があります。炉中の火の残っている炭を整理し、湿し灰を撒《ま》いた後に、新しい炭を継ぎます。空気の通る道をつくり、火が移りやすいように配置します。湿し灰が乾いていくことで、より一層炭がおこりやすくなると聞きました。

美しい所作の中に、道理にかなった決まり事があり、伝統的な点前の中の、合理的な考えに驚いてしまいます。

うちでは寒い季節、今でも手あぶりや火鉢を店先においています。灰の中にこんもりと埋まった炭が、ほんのりと暖かさを保っているのは、ヒーターやストーブにはない何とも言えない風情《ふぜい》があります。

一日中、炭火が消えていないか、おこりすぎて熱くなっていないか……。火のお守りや、後始末をしてくれる店の人たちにとっては、普段の生活の中で扱い慣れないだけに、なかなかの仕事となります。でも、子ども連れのお客さまが、これが火鉢というものよと、教えておられる姿も時々見かけます。

わが家でも、夫が時どき火鉢に火をおこします。火箸《ひばし》で炭を動かし、火鉢の周りにはりついて、何となくにこやかな表情になっています。炭の火には心安らぐ不思議な力がある、と考えるのは人間だけでしょうか。火のそばで、丸くなって暖を取る猫はいても、火を見つめる猫ってあまり聞いたことありませんものね。

静電気

子どものころ、セルロイドの下敷きをセーターのわきの下でこすって友だちの頭に近づけ、髪の毛を逆立たせることが、流行《はや》りました。これが「静電気」のイタズラと分かったのは、いつごろのことでしたでしょうか。

乾燥するこの季節、お客様から、抹茶に「ダマ（小さな固まり）」が出来やすいとお叱《しか》りを受けることが、ございます。湿気てダマになっていると勘違いされますが、実は抹茶の粒子同士が「静電気」の仕業でくっ付いて「ダマ」になりやすいのです。温度と湿気を低く抑えた作業場で、充分に乾燥させた碾茶《てんちゃ》を石臼《いしうす》で挽《ひ》きますと、挽きあがった抹茶はそれだけで静電気を帯びています。

その抹茶を缶や袋に詰める前に、「篩《ふる》い」にかけて、ふわっとさせます。出来るだけ挽きたてのおいしさをお手元にと、なるべく短時間のうちに作業をすすめますと、静電気を帯びたまま詰めることになってしまうのです。

それでなくても乾燥している冬の気候。拍車がかかって、静電気はいっそう逃げ場を失います。また高級な抹茶になるほど、細かく挽きますので、より「ダマ」の出来やすい条件が整ってしまいます。

残念ながら、このままの抹茶を、お茶碗《ちゃわん》にいれてお湯を注ぎ、上手に茶筅《ちゃせん》を振るってくださっても「ダマ」はなかなかほどけません。

でも簡単な解決方法があります。お稽古やお茶会でも、水屋の仕事として「抹茶篩」で抹茶を篩って、静電気を除いてから茶入や棗《なつめ》に詰め点前で使われています。

ご家庭でしたらその都度「茶こし」で必要な分だけ抹茶を篩ってくだされば、静電気がほどけて、まろやかな一碗に仕上がります。おいしさへの、ほんのひと手間です。

ふくらむ

木々が葉を落としてしまうと、その木がどんな木だったのか、わからなくなってしまうことがあります。あなたのお宅ってそんなに広い庭なんですか、といわれそうですね。よく散歩をする近くの京都御苑《ぎょえん》でのことです。

春の訪れが近いこの時期、木のそばに近寄ってみると、それぞれちゃんと小さな芽をつけています。その多くは花芽です。

子どものころ、理科の時間に見せてもらった記録映画で、植物を観察して、生長ぶりを早送りで撮影したものがありました。私は何とか、その様子を自分の目でも確かめたくって、ずっと目を凝らして見張ってみたことがありましたが、ちょっとやそっとでは、叶《かな》うわけありません。植物の生長は、そのような速さではありませんものね。せいぜいオジギソウや、月見草がゆっくりと動くのを見ることができたぐらいでした。

店の人が家の近くに咲いていた藪《やぶ》ツバキと、おもしろい枝ぶりだからと、枝ものを取ってきてくれました。

枝には、じゃんけんのグーのように硬い小さな芽がいくつもついています。暖房のきいた応接間に生けてみました。すると、その暖かさで一気にふくらんで、翌日には、覆《おお》っていた硬い皮が取れ、二、三日たつと芽吹いてかわいいつぼみを見せてくれました。

みるみるうちのこの変化は、何だか子どものころの私の夢を、叶えてもらえたような気もします。

図鑑で調べてみると、「とさみずき」というものでした。よくもまあ、こんな小さい芽の中に閉じこもっていたわねと、声をかけたくなるほど、舞妓《まいこ》さんのかんざしのような花が下にむかってぱあっと咲き始めました。

ところで、ご自分で茶葉を焙じてみたことっておありですか。「より」のかかった葉が香ばしい香りを出して、みるみるうちにふくらんでまいります。熱によって「より」がほどけてくるのです。その変化を眺めるのも楽しいものです。

知り合いのお嬢さんが「いつもふくらむんですよ、父が怒る時は」。実は、「はな」は「はな」でも「はな」違い。これぱかりは春だけとは限らないようです。

春節のお茶

この前、車を運転している時、外の光があまりにも春めいていて、思わず窓を開けたことがありました。心地よい風が車内に入ってきて、何だか急に懐《なつ》かしい気持ちにさせられました。その風で思い出したことがあったからです。

子どものころ、ブランコに乗った時の秘密。私はこぎ始めると必ず目を閉じていました。頬に当たる風で、まるで自分が空を舞っているような気持ちになり雲の間を天からぶら下げられたブランコに乗っているような、不思議に厳かな気分にもなるからでした。

また特にこの季節の風は、大きく息を吸うと少しザラついて、土の香りがしたものです。私が育った山陰地方では、大陸からの黄砂が春風に乗って、よく飛んできたからです。先生から「海を渡って飛んできた、中国の砂だよ」と教わると、何とも不思議な気がしたのを覚えています。

煎茶道の春茶会に初めて出かけたときのこと。待合には、中国の年代を経た硯《すずり》や墨、筆が飾られていました。床に掛けられている軸には、大陸の春を思わせる、ゆったりとした河と柳の木が水墨で描かれていました。ふと幼いころの黄砂の香りを思い出し、懐かしさを覚えました。

床脇《とこわき》の大きな壺《つぼ》には立派な枝ぶりの馬酔木《あしび》、清《しん》時代の大皿や小鉢で出されたお料理は、卓袱《しっぽく》料理に似ていました。

茶席で使われたお道具は、小ぶりでかわいらしい器の数々です。桃の形をあしらったお菓子をいただいた後、玉露と煎茶を淹《い》れてくださいました。急須《きゅうす》や茶碗を温めながら、お点前が進み、小さな急須に九人の客で、湯飲みの底にほんのひと口の量になりました。でも口中に広がる、その凝縮されたお茶の味と香りは何ともいえぬもの。同じお茶でありながら、普段の淹れ方とは少々異なるからでしょうか、別世界のような奥深い味や香りを楽しむことができました。

寄せていただく機会の多い、茶の湯の世界とはひと味違い、中国をとても身近に感じる時間でした。折しも旧正月、世界各地で活躍している何億もの中国系の人々と一緒に春節を祝った、そんな心地になりました。

包む

外国映画などで、綺麗《きれい》な包み紙で覆われた贈り物を、ビリビリと紙を破いて取り出していくシーンがあります。ああ、きれいな紙なのに……。包装紙はきれいにはずして畳んでおく、解《ほど》いたあとの紐《ひも》はくるくると巻いて結んでおく、それが当たり前の時代に育った私ですから、紙を破いたり、リボンを捨てるなんてもったいないと、よく思ったものです。

新たに入社した人たちが最初に覚える仕事のひとつに、お茶の箱や缶を、紙で包む作業があります。お客さまの眼の前で、ササッと包めるようになるまでにはかなりの量の練習はもちろん、度胸も必要となります。お急ぎと分かっているときに限って失敗をしてしまいがちです。動かないようにペタペタ止めるためのテープを貼《は》るのはもってのほかです。秘訣《ひけつ》は適切な大きさの紙を選ぶことと、包装紙を少し引っ張り気味にするように心がけることです。丸い缶は丸みに沿って扇状にダーツをとると、きれいに仕上がります。

最近は袋入りのお茶をお買い求めのときなどは、「ご自宅でお使いですか、それとも差し上げられるお品ですか」とお客さまにお尋ねするようにしています。環境問題が議論されるようになってきて、できるだけ不要なごみとなるものを増やさないためです。そういえば私の子どものころは、豆腐屋さんにお鍋《なべ》を持って買いに行くのが、当たり前でした。

お客さまの中には、自宅用だからと必ず家からお抹茶の空いた缶をお持ちくださる方がおいででした。使い込まれた缶を見ると、お客さまの深い愛着が感じられ、なんとなく気持ちが温かくなっていたのですが、最近は衛生面も考え店頭で直かに抹茶を詰めることはしなくなりました。変化していくことは仕方ないことです……。

ところで贈り物にお使いになるお茶の包みは、紙の手提げ袋に入れてお渡ししています。どちらのお店でも当たり前のサービスのようですが、そんなとき、正絹の風呂《ふろ》敷《しき》をお持ちになって「このまま持っていくので、紙袋の代わりにこれで包んでください」とおっしゃれば素敵、と思うのですが、残念ながらなかなかお目にはかかれません。

水色《すいしょく》

たまたま見ていた料理番組で、先生が揚げ油の春巻きをはしでつつきながら、「きつね色に揚げてといっても、きつね色ってどんな色ですかって、質問受けたりするんですよね、最近は」と苦笑してらっしゃいました。カラーテレビはもちろん、カラーコピーも当たり前の今では、色をことばで表して伝えることは、世代を越えると、かえって難しいものかもしれません。

桜を絵にする時、大概の人がピンク色のクレパスや色鉛筆で塗ってしまうでしょう。でも、鴨川の土手や円山《まるやま》公園に咲くソメイヨシノの花の一輪一輪をじっくり眺めてみると、花びらは白色に見えます。確かに妖艶《ようえん》な白さなのに、幾重にも重なり合った桜は、不思議に、何ともいえない透き通った淡紅色《うすべにいろ》となって見えます。花の向こうに青空があると、白色ではなく、やはりほのかに紅色がかって見えて、息をのむほどの美しさです。

たいていの絵の具やクレパスのセットに入っている「やまぶきいろ」も春に咲く山

吹の花そのものの色です。西洋からやってきたような色のレモンイエローなどにはない存在感のあるもの。花は八重咲きもありますが、一重の山吹のほうが私は好きです。扇を半分広げたような葉っぱも好き。

ところでみずいろを漢字で書くと「水色」ですが、お茶の業界では湯のみに抽出したお茶の色を「水色《すいしょく》」と申します。

宇治茶のなかでも、煎茶の茶葉は美しい深緑色なのです。しかし急須から注がれたお茶の水色を表すと、透き通った「やまぶきいろ」と言います。緑茶の一種だからといって緑色のお茶ではありません。

点《た》てる

携帯電話でもインターネットなどがすぐつながる現代とはちがう今から二十年も前のことです。近くにインターネットカフェがオープンし、早速行ったことがありました。道々、「カフェ」だとコーヒー飲みながらという感じ、ほうじ茶飲みながらだって悪くないんだし、そうなると「インターネット茶店」、これでは峠の茶屋のようにぴったりはこないので仕方ないのかなんて、私ひとりつらつら思ったりしました。そこでパソコンを前にして、まず私が面喰らったのは、画面を「立ち上げてください」といわれたことでした。機械を起動するという意味ではあるのでしょうけれど、当時の私にはあまり耳慣れない言葉でした。しかし今や、たいていの人が平気な顔して使ってしまう言葉になりました。

葉茶屋としてお茶の葉を売るだけでなく、店の中に自分で淹れて飲んでいただく小さな喫茶室を設けています。若い方が「抹茶も飲めますか、自分でできるんですか」

とおたずねになることがあります。

ええ、お薄を点てて頂くことも濃茶を練って頂くこともできますなどと申しますと、きょとんとした顔をされます。普段の生活で抹茶アイスクリームや抹茶を使ったお菓子は召し上がっても抹茶そのものが身近にない人たちには「薄茶」や「濃茶」もさることながら、「点てる」とか「練る」という言葉の、音《オン》だけではその漢字も思い浮かべてもらえないのかもしれません。

竹で作られた茶筅を振るって混ぜ合わせていただく薄茶、また抹茶の量を増やし抹茶の究極の味わいを楽しむのが濃茶です。長い年月を経て今も受け継がれている茶道には、深い意味と文化が織りなされています。この点てたり練ったりする所作を、「点前《てまえ》」という美しい言葉で表されることとひとつとってもよくわかります。

そう、「点」はテストの点という意味ばかりではありませんでした。

母の日

バレンタインデーにはチョコレート、節分には巻ずしのまるかじり、ホワイトデーのマシュマロなどと、だれが仕掛けたのかいつのまにやらこれらの結びつきは恒例のこととなりつつあります。では母の日はと聞かれたら、昔からカーネーションの花でしょうか。私の子どもの頃、なぜか作り物のカーネーションの胸飾りを学校でもらったような気がします。そのとき、お母さんを亡くした私の友達が、白いカーネーションを先生からもらうのがさびしげだったことを思い出します。お母さんを思う気持ちはいっしょなんだから同じ色でいいのにと子ども心に思ったものでした。もちろん現在ではちがっていることと思いますが。

最近、娘と母親の仲がよくてもさほど問いただされないのに、息子と母親の仲が少し良すぎるとすぐにマザコンなどと言われると聞いたことがあります。男の子のお母さんたちが集まると「変よね」って口をとがらせてしまいます。

それはともかくとして五月の母の日の感謝のしるしに、新茶をおいしく淹れて差し上げてはいかがなものでしょう。一年のうちでちょうどこの時しか楽しめない旬《しゅん》の香りと味が、新茶です。新茶としてその新鮮さを尊ぶのは、煎茶です。

急須に茶葉を少し多いかなと思われるかもしれませんが、大さじ山二杯。いったん湯のみ茶碗に取ったお湯を茶葉に注ぎます。ふたをして四、五十秒ほど待って出してください。ぷーんと若々しい新茶の香りが楽しめ、一年ぶりの爽《さわ》やかな味に出会えます。

おまつり

下御霊神社《しもごりょう》は御所の近く、寺町丸太町を下がったところにあります。そもそもは毎年五月十八日がお祭り（還幸祭《かんこうさい》）でした。宵宮とお祭りの当日には、丸太町から二条までの寺町通の東側に露店が並び、御神輿《おみこし》も繰り出します。何年か前から五月の第三か第四土、日を利用して開かれるようになりました。夫が幼かった頃まではこの夜店は何と月に二度もあったそうです。綿菓子屋さんや金魚すくい、パチンコや植木屋さんと昔も今も変わらぬものもあれば、パターゴルフやマシンで操作する当てものといった、時代を感じさせるお店もたくさんあります。

そういえば息子がまだ幼かった頃、細工もののおじさんが色のついたビニールで覆った針金を、ペンチひとつできれいに折り曲げて、小さな三輪車やゴム飛ばしのてっぽうを器用にこしらえておられました。その中で何より懐かしかったのは針金をかごのように編んだもので、指で動かすと鼓《つづみ》の形になったり、ボールになったりするものでした。それを絵にしようと探してみたのですが、大事にしまい込んでしまい見つかりません。ここ何年かはおじさんにも出会わなくなってしまいました。

このお祭りの時、うちの店はいつもの暖簾《のれん》をはずし、白と黒の幕にします。しまってある箱には「鯨幕《くじらまく》」と記してあるのですが、お葬式の時の幕もそのように呼ぶので、以前から不思議に思っていました。思い切って暖簾をお願いしている方に伺うと、それは鯨幕ではなく「門幕」といって、門松などと同じでおめでたい時に使うものと教えてもらいました。

この時期、茶畑では一年分のお茶の摘みとりに追われ大忙しです。そして八百屋さんでは籠に盛られた採れたてのおいしいさやに入った「地のえんどう豆」が並ぶ頃です。

今だけ

そのお話のタイトルは忘れてしまいましたが、春にしか咲かない「雪割草」を少女が真冬に探すというお話。結局「十二か月の月の精」に頼んで季節を早めてもらってようやく手にいれたというところでおしまいだったように思うのですが、お話はまだ続いていたのでしょうか。今はそんなお願いをしなくても、季節はずれの野菜や果物を促成栽培で、そして世界中から容易に手に入れることができる時代になりました。

さて、お茶の場合はいかがでしょう。ほんの春先、温室の中で新茶の摘み取りが始まったとニュースで報じられることもありますが、本来お茶の摘み取りは桜前線と同様に南から北へ移動し、宇治ではちょうど四月の下旬から八十八夜をはさんで五月いっぱい続けられます。お茶の木は冬眠をし、春を迎えて少しずつ根が動き出し養分を蓄えます。毎年四月初旬に萌芽《ほうが》宣言が出される宇治では、五月上旬が摘み取りの最盛期です。摘み取った茶葉はすぐに製造工場に運ばれ、どんどん製茶されていきます。

この季節、庭では草や木が一斉に生長します。草むしりや剪定《せんてい》がいのことをして、刈り取ったものをビニール袋に入れて封をしますと、袋の中で若い草や葉の熱気がこもりびっくりさせられます。

茶葉の摘み取りでも同じこと。若い新芽ばかりを摘んだ茶葉をそのままひとまとめにしておくと、酸化が始まり熱くなっていきます。日本茶はこの酸化を止めるために、その製造工程の最初に蒸して製茶するのが特徴です。同じお茶でも紅茶や中国茶と大きく違うところです。昔は摘み取った茶葉を薄く広げてできるだけ重ならないようにしていました。今では集められた茶葉を入れた大きな籠の中に冷風が送り込まれ、できるだけ変化を抑える工夫がなされています。一年の内の茶摘みの時期にだけ使われる道具たちですが、少しずつ着実に改良や工夫がされています。

ほたる

六月に入り、鴨川の川床も涼しげに映る頃になりました。京の町中でも、蛍に出会える場所があります。住まいの近く、鴨川の脇を流れる「みそそぎ川」の、川岸の草むらの中で見つけることができます。どこにいてもさまざまな音が溢《あふ》れている毎日ですが、ひととき音もたてず、ふぁーと光る蛍を眺めると、気持ちが本当に安らぎます。光ったり消えたりとても美しいものです。この何ともいえぬ「はかなさ」が、たまらなく私は好きです。でもそれは大人になってからのこと。

子どもの頃は、少し印象が違っていました。山陰で町医者をしていた里の父は、初夏に山奥へ往診にまいりますと、患者さんの家からよく頂くおみやげがありました。それは水滴がいっぱいかかったブリキ製の虫かごで、スギナがたくさん入れてあり、針金で作られた網のため黒々としていて中は良く見えませんでした。そして何よりも、青臭いにおいが先に鼻につくものでした。でもそっと静かに暗やみにつるして眺めていると、「もういいかな」といわんばかりに蛍が少しずつ光り始め、やがて小さな虫かごいっぱいに光っていました。はかない命でしたが、蛍というとついあの青臭いにおいを先に思い出してしまうのです。

水質をあらわす言葉に「硬水」「軟水」があります。日本の水のほとんどが軟水ですので、味はまろやかでおいしく、日本茶にはとても適しています。しかし夏になると、水道水は塩素消毒によるカルキ臭がきつくなったりいたします。このカルキ臭を取り除くために、ヤカンの蓋《ふた》をあけて五分くらい沸騰《ふっとう》させたり、一晩汲《く》み置きをした水をお使いになることをお勧めしています。改良された浄水器もありますが、お使いになる水にも少し気を使って、お茶をおいしく飲んでいただきたいものです。

「ほ、ほ、ほたる来い、あっちの水は苦いよ。こっちの……」、蛍が好きな水のお味まではちょっとわかりかねるのですが。

季節感

空調機器の発達で、最近は真冬でも家の中ではTシャツ一枚、なんて方もおいででしょう。しかし、日本の気候風土の特徴であるはっきりした四季の存在は、何よりものお恵みではと最近思うようになりました。季節に応じて変化のある生活が楽しめるのは、すごいことですね。とはいえ実際のところ、年中同じ感じの服でよければ、整理収納がどんなに簡単なことかしらと考えることもあるのですが……。昔から六月と十月は衣替えの季節と言われています。特に六月は夏を迎え、目に映るものが明るいものに替わり、とてもすがすがしく感じられます。

うちでは店に吊《つ》り下げております暖簾の色が濃いこげ茶から白に替わり、店頭に立つ社員の制服も夏向きに替わるので、よけいにそう感じるのかもしれません。こんなに外は光に満ち溢れていたのかしらと実感するのがこの時期です。

ところでこの衣替えよりおよそひと月早く茶道の世界では炉から風炉《ふろ》に替わり、炉のぬくもりから夏支度となります。社員のお稽古に使っている私どもの茶室でも、炉の中の灰を取り出し、畳を入れ替えます。炉で使っていた道具類を手入れしながらしまい、柄杓《ひしゃく》や蓋置も風炉で使うものを出して取り替えます。部屋の障子をはずして御《み》簾《す》を吊るしたり、葭戸《よしど》に入れ替えます。

そしてわが家の台所でも、そうめんを盛る器、涼しげなサラダボウルなどガラス器の活躍が始まり、そろそろほうじ茶や麦茶を、冷蔵庫に冷やしておくのが日課となる時期になります。うちの店頭で「宇治清水《うじしみず》」という夏向きのお茶をお客さまにお出しするのも、もうすぐです。この飲み物は昭和十年頃に、番頭さんが考え出したものです。夏のお茶として何かないかと、主人に内証でこっそり作ったものと聞いています。今やかき氷にしたりミルクと混ぜたり、夏の代表選手として活躍してくれています。

七夕

急須の中にお湯を注ぐと、茶葉の「より」がゆっくりとほどけてゆき、その「より」の中に詰まっていた味や香りが広がっていきます。煎茶や玉露は畑で茶摘みをした後、すぐに蒸します。それに続いて茶葉を「揉《も》む」ことによって「より」をかけます。でも、この「より」という言葉にあまりなじみのない方には、七夕のお飾りを笹《ささ》につける「こより」のことを思い出してくだされぱわかりやすいかと思います。

幼かった頃、七夕が近づくと、まず「こより」をよるのが私のしごとでした。お習字の稽古に使った薄い半紙を、細長く切ります。それを斜めによっていくと、細長く十分お飾りを吊るせる丈夫なものになり、それを何本もこしらえます。短冊《たんざく》に通した時、糊止《のりど》めになるように最後までよりきらないで少し残します。

折り紙より薄い色紙を短冊にし、「天の川」「たなばた」「ひこぼし」など七夕にふさわしい言葉を書いていきます。もちろん願い事も書きました。「天の川」を表すお飾りなども作ります。それは折った紙に切り込みを入れて広げるとレースのようになるもの。これらのさまざまなお飾りを笹に結びつける時、この「こより」を使いました。

せっかくきれいに飾った笹ですが、七夕が近づくにつれ、みずみずしかった葉も色《いろ》褪《あ》せて、葉も乾いてたてにくるりんと巻いてしまいます。七夕の夜には、この笹を川へ流しに行きました。現在の環境問題の視点で考えれば、とんでもないことですが、考えてみると笹も短冊もそして「こより」もゴミにはなるけれど、やがて朽ちてすべて自然に土や水に還《かえ》るものばかりだったことに改めて気づきました。

急須の中で「より」がほどけた茶葉には、もう味や香りを出す力はありません。でも不思議なことに世の中には、この「より」の戻ることもあるようです。別れた男女がまた一緒になることを、「よりを戻す」と言いますから。

祇園祭《ぎおんまつり》

交換留学生の高校生カイル君、三軒目のホストファミリーのわが家で過ごすのも残りわずかとなりました。四月末、わが家にやって来た時、まず最初に彼は自分の部屋に大きなカナダの国旗を押しピンで貼り付けました。祖父母の時代にオランダからカナダに移り住むようになったそうで、自分たちを受け容《い》れてくれたカナダに対する愛国心は格別のようです。オリンピックの国旗掲揚の時などには「日の丸」に愛着を感じるものの、普段は国旗に対して彼のような特別の思いもなく生活している私には祖国や国旗に対する彼のまっすぐな気持ちが、まぶしくまた羨《うらや》ましく思えました。

こんどの祇園祭でカイル君は、長刀鉾《なぎなたぼこ》の曳《ひ》き手を務めることになっています。先日その説明会に参加して帰ってきた時、「オカアサン、ココ」と足の親指と人さし指の間をさして、ばんそうこうを何枚か貼っておかないといけないんだと説明してくれました。何度か参加されている方から、草履で痛くなるからとアドバイスを受けたようです。

もう四十年近くも前になりますが、生麩《なまふ》の「麩嘉《ふうか》」さんのご子息が祇園祭で長刀鉾のお稚児《ちご》さんになられた時のこと、私の夫も稚児のお供をさせて頂きました。山鉾巡行の当日私はアルゼンチンの国旗を麩嘉さんからお預かりし、河原町御池辺りで待機していました。長刀鉾が差し掛かった時に、夫にその旗を渡し、お供の人たちみんなで京都ホテルへ向けてその旗を広げました。まだ建替え前の古い京都ホテル（現・京都ホテルオークラ）。交差点に面した角の部屋から、アルゼンチンの大統領ご夫妻が山鉾巡行をご覧になっており、国旗を見つけて手を振ってこたえてくださいました。大統領ご夫妻がご覧になると聞いた麩嘉さんのご主人の、粋《いき》な計らいでした。

ところで、炎暑のなかがんばったカイル君には冷たい麦茶を水筒にいれて用意しておきましょう。いつもはミルクでもこの日はやっぱり麦茶。大人だったら麦酒《ビール》かもしれませんが。

茶柱

「茶柱が立つ」ことは吉事の兆《きざ》し。茶柱を見つけた時、私はそっと飲むほうがよいと信じ込んでいたら夫に笑われてしまいました。畑で摘まれたお茶は、葉だけでなく芽や茎なども製茶されます。茶柱は、ちょうどこの茎の部分にあたります。

息子が中学二年生の時のこと。中間テストが終わった日、帰って来るなりずうっとコンピューターゲームで遊んでおりました。その夜少し具合が悪いと申します息子に、「ゲームのやりすぎだからよ」と冷たかった私。たいした準備もせずにただ受けるだけのテストだったのを傍で見ていただけに、つい冷たい口調になってしまいました。発熱やもどしたりと自家中毒の様子に似ていたので、朝になったらかかりつけのお医者様に行けばいいなどと軽く考えておりました。

ところが翌日病院に廻され、検査で虫垂炎、それも少し手遅れ気味で、腹膜に癒着し始めているとのこと。カーテンの向こうで手術準備にとりかかる息子をしり目に、「先生、やっぱりすいかやぶどうの種でしょうか、それとも茶柱でしょうか、原因は」

と詰め寄ってしまいました。先生は笑いながら「お母さん、昔はそんなことといろいろ言いましたけど、そんなんが原因とちゃいます」。

息子に、次は見逃がさないからと言うと「あの時はほんまにひどかった。第一、盲腸はひとつしかないし次なんてあらへんわ。何が医者の娘や」と、長びいた入院生活を思い出しては恨み事を言われます。

さてお茶の茎の持ち味はその独特の甘みにあります。葉より茎は火が通りにくいため、焦《こ》がさないように気をつけてじっくりと焙じてまいります。「雁《かり》ヶ音《ね》」という玉露の茎茶もありますが、茎ほうじ茶もおいしいものです。さっぱり香ばしい葉のほうじ茶と比較しますと、そのコクが特長です。こってりした料理と相性が良いようです。

せみ

せみしぐれの夏がやってきました。

宵々山《よいよいやま》の大雨はすごいものでしたが、山鉾巡行の日は程よい曇り空でほっとしました。わが家にホームステイをしていたカイル君も、長刀鉾の曳き手をボランティアの学生たちと一緒に無事に務めさせて頂きました。朝七時前に集合で案じましたが、元気に曳く姿を御池通で見届けることもできました。ほおを紅潮させ「タダイマア」と大きな声で戻ってきました。少し休んで夕方、ご縁あって今度は八坂神社からの御神《おみ》輿《こし》にも参加しました。この御神輿に参加させて頂くことは彼が自分で決めたのに、朝の疲れが出てきたのか、ふくれ面《つら》で出かけました。

ところで御神輿の場合、その装束の準備がたいへん、まず腰を保護するために胸の下からさらしを二つ折りにしたものをきつく巻いてもらいます。ほどけぬよう、きっちり締めるために霧吹きをかけながらすることもあるようです。「錦《にしき》」と入った法被《はっぴ》も彼が着ると短くみえます。地下足袋をはき、見よう見まねで頭に手ぬぐいを鉢巻きにして、人の輪に紛れていきました。そして御神輿の勇ましい勢いの中で、やり遂げたという笑顔になって帰ってきました。京都に住んでいてもなかなか経験できないことをいっぺんに体験。何とも贅沢《ぜいたく》な一日でした。

彼の友達の留学生たちが、何度かわが家にごはんを食べに集いました。思いもかけない彼らの視点は、なかなかおもしろいもの。たとえば夏の風物のひとつ「せみ」という日本語も、初めて耳にした時、セミコロンやセミファイナルの「半分」を意味するｓｅｍｉと思い、不思議に感じたそうで笑えました。食卓のお茶が不思議な味わいに感じても私の手料理はいつも「ｗｏｗ！　おいしい」と喜ぶ彼らでした。二〇〇一年七月二十日、思い出いっぱいの京都を後に、カイル君は関空からカナダへ帰っていきました。

ささゆり

華奢《きゃしゃ》な姿でひっそりと咲きながら、高貴な香りを放つ「ささゆり」。この花に出会うと、それはまるで映画のワンシーンのように思い出す光景があります。ずいぶん以前のことですが、北山杉を見に行った時のことです。雨雲が低くたち込める霧雨の中、整然と植えられた杉林がずっと続き、本当に美しいものでした。雨笠《あまがさ》をかぶった男の人が下草刈りにでもいった帰りでしょうか、背中にたくさん柴《しば》を背負って山道を降りて来ました。その荷のてっぺんに薄いピンクの花が数本、それは確かに「ささゆり」でした。家で待っている奥さんにあげるんだろうか、雨にぬれた花がとても美しく、なまめかしく見えました。

店内の応接間などに毎朝花を生けるのも母の日課でしたが、いつの間にか私が代わってするようになりました。季節によって庭に花の少ない時季や持ちの悪い時は、花の手当てで大変です。

でも、店で働く乾《いぬい》さんや、お里が静原の室井さんが、バケツいっぱいに野山の草花を時々届けてくれます。「水辺はマムシがいるから、母と長靴はいて棒で草をたたきながら花をさがしに行くんです」と笑いながら室井さんは話してくれますが、そんな危険を冒してまでと恐縮してしまいます。野の花でも本で調べるとひとつひとつ名前があって、まことにかわいく思えます。おかげでいろんな草花に出会えます。山で自生する「ささゆり」が少なくなってきたのは、イノシシが食べ物に困って百合根《ゆりね》を食べるからでは、というのは彼女の説。花屋さんでも「ささゆり」はあまり見かけません。似たような花も見るのですが、やはりあの楚々《そそ》とした姿とはかけ離れています。最近さまざまな「ゆり」が登場していますが、多くは品種改良されたものや、外国から入ってきたものと聞きます。

もともと茶の樹《き》は実生《みしょう》で増やされて来ましたが、明治以降茶畑の中から優良な葉が選抜されて新たな品種として開発され、今では苗木で増やされるようになりました。多くの先人の大変なご苦労のおかげでさまざまな品種が開発され、おいしいお茶がたくさんできるようになったのです。

きんみずひき

烏丸《からすま》丸太町近くでお菓子屋さんをされていた植村さん。「すはま」というお菓子を奥さまとお二人で作っていらっしゃいました。大豆の粉に水あめや砂糖を混ぜて作られるのがそのお菓子です。特に押し物は、季節に応じてそのデザインを変えられ、割っていただくのがもったいないくらい綺麗《きれい》ですが、お味は素朴でおいしいものです。お店の中に小さな飾り床があり、さりげなくいつも時季に合ったお軸と季節の花が飾られています。

何年か前のこと、うちの庭で広がった「きんみずひき」の苗を差し上げたことがありました。雑草のような草花ですから珍しい苗をお分けしたのと訳が違うのに、奥さまと町でばったり会ったりしますと「もう芽が出てきました」とか、「花がつきましたよ」と声をかけてくださるのでした。それからのちに、黄色い花をつけた「きんみずひき」が生けてあるのをお店で見かけた時は、奉公に出した子が立派に仕事ができるようになった、そんな気分になってとてもうれしく思いました。

丸太町通の喧騒《けんそう》の中から一歩「こんにちは」とお店に入ると、いつも奥でお仕事なさっていらっしゃるご主人か奥さまが、ゆったりとした面持ちで出てこられます。そのとき、内暖簾越しに作業場の白いタイルが見えます。そのタイルのきれいに磨かれた白さをひと目見ただけで、お仕事に対する姿勢やお作りになるお菓子の品格まで感じられてしまうのですから、不思議です。「すはま」は甘いお菓子なので、ぱくぱくとたくさん頂くというものではありませんが、お抹茶や煎茶ととても相性が良いように私は思います。

よく、どのお菓子にどんなお茶が合いますかと、尋ねられることがあります。やはり好き好きにお選びくださるのが一番かと思います。お茶屋といたしましては、お茶そのもののお味も十分に味わっていただきたいもの、と常々願っているのです。

※場所は変わりませんが、現在は「すはま屋」という屋号で別の方が植村さん直伝の「すはま」を作り、営業なさっています。

水やり

庭の草花はホントに正直ものだと思います。カラカラ天気が続いて水分が足りないと、ぐったりとなってしまいます。

こころの中では怒っていても素知らぬ顔ができたり、泣きそうなくらい悲しい時でも歯をくいしばってそんな素振りも見せない、というのが大人の証拠でしょうか。私の場合、庭の花と殆《ほと》んど同じで、こころの中の様子がすぐ顔に現れて、さすがに怒り顔にはならないものの、ドラマや映画を見ていても、また悲しい話を聞くだけですぐに涙が溢れ出し、まだまだ修業が足りないなあと思ってしまいます。

さて庭の水やりは、「じょうろ」に水を入れてゆっくりと一鉢一鉢上からかけてやるのが、草花には一番喜ばれるのかもしれません。でもついつい面倒で、ホースの先を指でつまんで水量を調節しながら撒《ま》いてしまいます。家事や仕事に追われていると、ゆったりと「じょうろ」を使ってとはなかなかまいりません。夫の父が元気でした頃、水音がしているなと思って庭をのぞきますと、ホースの水をゆったりと撒いていました。「ただ撒くのとちがって、この裏側もだいじなんや」と、父は必ず椿の葉の裏側にまで丁寧に水を与えていました。

まんべんなくすべての草花の根本に水分をと思っても、撒きにくいところがどうしてもあります。他の植物の陰になってしまい、乾いたままの個所ができます。こんな時、私は雨の偉大さをしみじみと感じてしまうのです。分け隔てなく、皆に平等に天の恵みを与えてくれるのですから。もちろん洪水などの被害をもたらす困りものの大雨もあるのですが。

茶畑があるのは、平坦《へいたん》なところばかりではありません。むしろその多くは山の斜面に広がっています。草花と違って樹ですから、少しは水持ちもよいようです。でもやはり限度がありましょう。日照り続きの夏日や雨が少ない時は、できるだけ人が水を与えていますが、とても全部の畑には無理。茶畑も山々の樹木もすべてのものが空の水やりを待ち望んでいます。どうぞ大文字の送り火が終わったら、願いをかなえてください。

飲みくらべ

息子が大学生だった頃のことです。夏休みで帰省している息子のところに、高校時代の友だちが次々にやってきます。みなそれぞれにちょっぴり大人っぽくなったようにみえます。ちょうどラグビーをやっているという二人組。食事の用意をすると、見ていて気持ちの良いほど「ぺろり」と平らげてくれました。食後に煎茶《せんちゃ》を淹れてほしいというので、つい家族に出すように淹れてしまいました。

わが家で家族にお茶を淹れる時は、煎茶を少し大きめの湯飲み茶碗に一煎ずつ淹れます。一煎目は夫で二煎目は息子、三煎目は私という具合に飲んでいます。でもお客さまをお招きした時は、一煎目を均等に三つに分け、また二煎目も分けて注ぎ足し、なるべく味が均等になるように用意します。

しばらくすると、食卓の方から「これがそうかなあ」などと、にぎやかな声が聞こえてまいりました。なんだろうと覗《のぞ》いてみますと、どれが何煎目のお茶か、少し味わっては皆で当てっこをしていたのでした。

「一煎目と二煎目とは、味が違うんか」という友達の言葉に、「そりゃ違うわ。よう二番煎じって言うたりするやんか」と、息子が説明を加えたりしているのでした。

実はやり方は異なりますが、昔から産地の違うお茶を何種類か淹れて、味や香りの様子から産地を言い当てる「茶香服《ちゃかぶき》」というゲームがあります。室町時代には「闘茶」として、ずい分庶民の間でも流行《はや》ったようです。今でもお茶の組合では、審査技術の勉強を目的にされていますし、うちでも新年の初売りの後、もう少し簡単なものを社員みなで集まってしますのが恒例となっておりました。

髪の色を変えるなど今どきの大学生の息子ですが、母親にとって赤ちゃんだったのはついこの間のこと。言葉の早い方ではなかった子でしたが、ようやく単語らしきおしゃべりが「マンマ」の次は「オチャ」だったことを思い出しました。

月日が流れ久しぶりの帰省で、いつもと少し違う煎茶の飲み方で楽しんでいる様子は、とてもほほえましく思えたものでした。

日焼け

あるとき、母と日光浴の話になりました。

「今日は足首だけ、明日は膝《ひざ》まで。節子も孝史も赤ちゃんの時は、少しずつお陽さんに当てるようにしてたのになぁ。まあくんの時かてそうやったやろ」。しかし今では直射日光の紫外線は怖いと恐れられ、日光浴なんてとんでもないという時代になりました。私が小さいころは夏休みが終わるとどんなにまっ黒に日焼けしたかなんて競い合ったものでしたのに。最近は赤ちゃんの育て方も、さまざまな説によって変わりつつあります。

お布団《ふとん》を干すとふんわりとさせてくれ、洗濯物の乾き方も日光にあたると違います。何よりあの陽の香りが大好きなのですが、「ただのお恵みいっぱいの陽の光」という今までの説ではなくなりました。私たちの住む環境が変化してしまい、直射日光の中には人間の皮膚にとって害の多いものもあると判明したようです。日焼け止めクリームも海水浴の時だけではなくなり、今では砂場で遊ぶ子どもたちにも使うことが勧められているとか。

「お茶の木にも寿命はあるの」と聞かれることがあります。何となく樹齢を重ねた木のほうが、上等なお茶ができるように思ってしまいます。お濃茶にも使えるような抹茶のできる木は、百年を超すようなものでないと駄目、老木になるほど、旨《うま》みのあるおいしい葉がたくさん収穫できる、という説は間違いだそうです。新しく植えてすぐにはできないそうですが、五年後くらいから収穫ができるようになり、十年から二十五年後くらいが一番元気で、おいしいお茶がたくさんできるそうです。りんごや梨《なし》の畑でもたくさんおいしい実をつけるのはその木の壮年期で、あまり老木になると収穫や品質の面でも衰えると聞きます。

それでは人間も植物と同じでしょうか。いえいえ、ただ単に若くて体力のあるうちが一番、というわけではないでしょう。知恵や知識を身につけ人生経験を積み年を重ねるほど光り輝き実りをつけるのが、人の一生。この説だけは覆《くつがえ》されないでと、私は願ってしまいます。

味わい

「おいしいものを、ほんとにおいしいと感じる」。これができるのは、とても幸せなことだと思います。例えば虫歯があってそれが痛み始めたり、胃腸の調子がすぐれず食欲不振に陥っていたり、お年ごろによっては、恋患《こいわずら》いだったり。そんな時はどんなにおいしいものでも、味わうというような余裕などありません。心身ともに健康でよい状態にあることが何よりも大切ですね。

スーパーやデパートの食料品売り場へ行きますと、既に加工済みで、あとは温めたりするだけの食品がいっぱい並んでいます。お味も付けてあり、忙しい方やひとり住まいの方にはとても便利なものかもしれません。しかし、その多くには品質保持のための添加物や、より旨みを強調するために化学調味料が使われることもあるようです。

私は結婚する時、夫の父から、料理の味付けには出来るだけ自然のものをと言われました。舌が化学調味料の味に慣れてしまうとまひして、微妙なお茶の味が判《わか》りにくくなるからです。普段から「お出し」を、昆布と鰹節《かつおぶし》からひくようにしていると、外食などで化学調味料を使ったものに出会った時、圧倒されてしまいます。天然の素材だけを使って作ると、何とも言えない旨みがあり味わった後はすうっと消えていきます。でも人工的に作り上げられた味は「旨み」が一瞬にして広がるものの、妙な後味が口の中に残ってしまうからです。

最近、知人の口腔《こうくう》外科の先生に教えてもらいましたが、何を口にしても味がしないという味覚障害の方が増えてきているそうです。加工食品の添加物に含まれている物質によって、体内の亜鉛が不足することも原因のひとつで起きるこの障害。亜鉛は、私たちの身体《からだ》に微量ながら必要なミネラルです。この亜鉛が牡蠣《かき》などのほか、何と抹茶にも含まれていることが注目されています。抹茶をおいしく飲んでくださることは、「お茶を濁す」のではなく、実は「お茶で味がはっきり判るようになる」というわけなのです。

暦

年の初めから壁につるしていた大きな日めくりのカレンダー。お正月のころは足に落としでもしたらけがをするんではないかと思うほどの分厚さでした。でもちぎり取った紙の切れ端の方が増えて、ずいぶん軽いものになってまいりました。

これを見ていますと、「一粒万倍日《いちりゅうまんばい》」とか「三隣亡《さんりんぼう》」など普段耳慣れぬ言葉が書いてあり、興味深いものです。

新茶のころに玉露の生産者の方をお訪ねして、お話を聞いたことがありました。「異常気象とひとくくりにして言うてしまうけど、農家の仕事はそんなもんでは惑されへん。昔から使《つこ》うてる暦ちゅうもんがあって、種蒔《たねま》きにええ日とか、ちゃんとその家々で決まっとるんや」「そやさかい雨が少のうて水不足。こんなん初めてやって言うても、暦を溯《さかのぼ》ってみると何年かで必ず巡ってたりするもんや」「この暦にさえしたごうていたら、間違いない。もちろん手入れが肝心やけど、やっぱり自然の力でお茶が良う出来る年と、そういかん年は出て来る」とおっしゃっていました。いまの暦に浸って生活している私は、茶農家で使われ続けている旧暦の自然なリズムを、何とも不思議に感じたのでした。

私は年末近くになると、いつも面白いカレンダーを求めます。それは「ムーンカレンダー」。月の満ち欠けを、毎日の夜空に見える形の絵で、描いてあるものです。このカレンダーを知り合いのフランス人夫婦に差し上げましたら、大喜び。都が太ってきた、痩《や》せてきた。あれあれ今日は隠れていると、彼の地《か》で私のことをうわさしているというのです。月並みという言葉もありますが、月に見立ててもらえるのは何と光栄なことでしょう。

そんなことを考えていたら、山形出身の友人のことも思い出しました。幼いころお遊戯を習ってきた日は、家中の人に見せても飽き足らず、庭に出てお月さんの前で「見て見て」と踊っていたという彼女。月がきれいに見える秋、そろそろ本屋さんに来年のカレンダーが用意され始める頃です。

実

秋口となり、空気が澄んで街中でも夜空の星がいつもよりはっきり見えるようになりました。あの宇宙の彼方《かなた》には私たちと同じような生物がいるのかなと、つい思いを馳《は》せてしまいます。

朝早く、散歩で近くの御所（京都御苑《ぎょえん》）へまいりますと、きれいに並べられた松ぼっくりを発見。雑誌で読んだ、イギリスでの不思議な模様に踏み倒された麦畑のことが思い出され、宇宙人からのメッセージかもしれないなどと想像しましたが、それはあきらかに前の日、子どもたちが遊んだ跡でした。

秋になると、松の木は、二世帯住宅のように、茶色の松ぼっくりの先に若い緑色の実をいくつかつけます。椎《しい》の実や団栗《どんぐり》も実を結び始めました。

まだ息子が小学生だったころ、仲良くしている畑さん一家から「光る不思議な団栗発見」と聞き、烏丸丸太町あたりの水なし水路に、落ちている団栗を探しに行ったことがありました。その実は白っぽいのですが、ズボンの端などでこすってみるとぴっかぴかに光り輝くもので、早速拾い集めて持ち帰り、籠《かご》に入れて飾りました。

ツバキ科の「茶の木」にも、白い可愛《かわい》い花と椿に似た実がつくことがあります。一般的に植物は子孫を残すために、花をつけ実を結びます。でもお茶の場合、農家の方の手入れが行き届いていると、茶樹が子孫のことを心配しなくても良いので花や実をつけない、だから葉に養分が集中してより品質の高いお茶になる、と聞いています。しかし年によっては、自然のリズムなのでしょうか、手入れの行き届いている茶畑で可愛い花がついているのを見かけることもありました。

楓《かえで》の木にも、ドラえもんのタケコプターのような形の種子が、たくさん出来ています。庭の苔《こけ》に舞い落ちて、春先にかわいい小さな楓の芽が出てくると、苔の手入れが大変だと、厭離庵《えんりあん》の庵主さんが以前おっしゃっていました。

でも、一本の木に山ほどの実が実っても、種子が木となり次の世代を担《にな》うのはほんの僅《わず》か。これが自然の「摂理」なのでしょう。

かおり

秋は雨とともに深まっていくように思います。

晩秋のころの冬を呼ぶ「時雨《しぐれ》」もありますが、十月頃は、ひんやりとした肌寒さに何か一枚羽織るものをと探しながら、今度晴れたら衣替えをしなくてはと思わされる、この頃の雨もそうです。

雨の日には空気がしっとりとして鼻が敏感になるからでしょうか、独特のかおりがするように思います。

「あ、もう金木犀《きんもくせい》のかおりが……。ね、ほら」

小雨のなか、思わず傘をはらって、まるで犬のように鼻をぴくぴくさせてしまいました。しかし、あたりを見渡しても、小さな花が星くずのように葉の合間についた木も見つからないし、ましてやオレンジ色の絨毯《じゅうたん》になった道もありません。でもきっとこのあたりにはあの木があるんだと、私は探偵にでもなったような気分になっていました。

金木犀のかおりはいつのころからか芳香剤で使われるようになり、いつでもそれらしいかおりに触れることができて、せっかくの季節のシグナルの役割が減ってしまいました。でも自然に咲く花のかおりには、強さのなかに何とも言えない「はかなさ」があるようで、かえって一層魅力的になったように思います。

そういえば最近「茶香炉」なるものが、よく売れているそうです。お茶の葉を、陶器のお皿越しにろうそくの火で加熱し、微妙なお茶のかおりを楽しむものです。お香の代わりにお茶が使われるというのは、香ばしさとともに「はかなさ」を感じるからでしょう。

よりの荒い葉や茎をゆっくり加熱する「ほうじ茶」作業の朝一番のにおいがちょうど「茶香炉」のかおりに近いように思います。

金木犀のかおりに包まれ、ほうじ茶も熱い淹《い》れたてをふうふうとさましながらいただくのがうれしいころになりました。栗蒸《くりむ》し羊羹《ようかん》やお饅頭《まんじゅう》がお茶と仲良くなる季節、お裁縫の半返し縫いのように、行きつ戻りつしながら秋はゆっくりと進んでいきます。

姿勢

「お母さん、ぼく、せんじょう歩きが上手やって、せんせが、言わはった」。息子が幼稚園のころの話です。「せんじょう」と聞いて、私はびっくりしたのを覚えていま す。息子は得意そうに畳の縁《へり》の上を踏み外さぬように真っすぐ歩いていました。それは「戦場」ではなく、胸をはってゆっくりしっかりとバランスをとって歩く、「線上歩き」の意味でした。幼児期に、気持ちを集中して身体のバランスをとるための練習だそうでそれは真剣そのものでした。

京都に住んでいますと、外国からいらした観光客の方々をよくみかけます。背の高い人、体格の立派な人、瘦せている人とさまざまです。ところが往々にして歩き方、歩く姿勢は、私たちより格好よくさっさと歩いているように見受けるのは、私だけでしょうか。眺めていて、その颯爽《さっそう》とした動きに見とれてしまいます。もちろん身体のつくりや骨格に何か違いがあるのかもしれません。

しかしそれにしても、私を含めて多くの日本人は腰が伸びていなかったり、背中がまあるくなっていて颯爽とは程遠いものです。脚が長くスタイルのとても良い最近のお嬢さんたちでも、高いヒールの履物でひざが曲がったまま歩いている姿に出会うと、とても残念に思ってしまいます。

茶道では、畳の縁は踏まないようにといいますが、立ち居振る舞いの原理は、幼い子どもが「線上歩き」に挑む動作ととても似ているように思います。

つい、お茶のお稽古《けいこ》となると、初心者にとってはあまりの緊張に同じ側の手と足が一緒に出そうになったり、肩に力が入ってぎこちない動きになりがちです。でも、お茶の先生が「お臍《へそ》の少し下の丹田《たんでん》を意識しなさい」とおっしゃいます。

意識を集中させると、不思議に丸かった背もすっと伸び、身体全体を使って自然な動作が出来るようになります。普段にも生かしてと思いつつ、私はつい忘れてしまい、ショーウインドーに映った自分の姿に愕然《がくぜん》とするのですが。

名残《なごり》

「好きなもの」の中には、直感的に大好きになるものと、大人になってようやく、その良さがわかってくるものがあります。

初夏から秋にかけての時分に咲く「ほととぎす」の花。私が好きになったのは、まさに後者の方でした。花びらの斑点《はんてん》模様が、鳥のホトトギスの胸元に似ているのが名の由来と聞きます。以前はその模様が、気持ち悪くさえ思えた私でした。でもいつの間にか、目立たぬ色のつぼみの形も花の模様も、可愛げに感じるようになりました。籠などの花入れに活《い》けると、花の後にできるツンと上を向いた実までも、それだけで魅力的で、秋の風情《ふぜい》があり、愛らしいものに思えるようになったから不思議です。

ところで、小さな子どもや、初めて恋をしている二人などには、なかなか想像しにくい「別れ」。しかし年を重ねていくと、恋に限らず、たくさんの人や物に出逢《であ》う分だけ、同じように「別れ」があるはずです。嫌いになって別れるのは、少し違うかもしれませんが、「今まで在ったものと別れる」ということは、名残を惜しむという特別な感情を呼び起こしてくれます。過ぎ行く季節、はかなげな春や秋を惜しむ気持ちも同じでしょう。

さて私どもがお稽古で使う茶室でも、五月から出していた「風炉」を十月末にはしまい、十一月までには畳を入れ替えて「炉」の準備をいたします。風炉の道具を手入れし、片づけるうちに、季節の移ろいを実感いたします。

そして茶の湯では、「名残の茶」として、すこし欠けた風炉、破れを継いだような茶碗《ちゃわん》などを用いて、この季の「侘《わ》び」た風情を楽しむと本で読みました。床の、籠に盛った残花の中には「ほととぎす」も紛れ、趣き深いものになっていることでしょう。

昔、葉茶を壺《つぼ》に保存していた時代、ちょうどその葉を使い切るのが、この時期と重なっていました。でも、現在では保存技術も発達し、美味《おい》しい抹茶はいつでも手にいれることができます。「侘び」と申しましても、どうぞ、お茶は風味のよろしいうちにお使いくださいますように。

夕暮れ

寺町通に面しておりますうちの店先には、昼間はちっとも目立たない、お茶壺の形をあしらった小さなネオンサインがあります。蛍光灯の電飾看板が多いなか、いつごろから取り付けられているのか分かりませんが、古い木造の建物に不思議にマッチしているように思います。

赤と緑と水色の、点滅もしない簡単なものですが、夕方暗くなるころから閉店時まで灯《とも》しています。夏の間は、いつまでも外が明るいので、つい点《つ》けるのを忘れてしまいがちです。しかしさすがに日の暮れるのが早くなる秋冬には、忘れません。スイッチを押すと、ぽぉっとネオンの明かりが浮かんで、なつかしい心温まる光のコンビネーションになります。

夕暮れ時は何ともいえぬ、感傷的になる魅力があります。薄暗くなってきて灯り始めた家々の明かりは、ほのぼのとした気持ちにさせてくれます。もしかしてその明かりの下では、楽しいことばかりとはいえない日常が流れているのかもしれませんが、だまったまま静かで暖かそうに、見えてしまいます。

そしてひんやりとした空気を吸い込むと、私は夕餉《ゆうげ》のいろんなにおいに包まれます。お魚を焼いているにおいだったり、カレーやシチューか何か煮込んだようなにおいだったり……。それは平和でやさしい、生活のにおいです。

学生時代、親元を離れ大学の寮に住んでいたことがありました。寮に戻れば、たくさんの仲間がいてちっとも寂しくはないはずなのに、帰る道々、夕暮れのこのにおいに出あうその瞬間、故郷の家のことがたまらなく恋しくなったことを覚えています。台所の母は今ごろどうしているだろうと西の空を眺めたことでした。

さて、店を閉める時間が近づくそんなころ、お客さまが「壺のネオンが点いてたさかい、まだやってはると思って。走ってきてよかったわ」とお茶を求めに、飛び込んでみえたのでした。暖簾《のれん》をはずし、表の木戸を閉め、ネオンを消した時には、晩秋の日は、とっぷりと暮れていました。

自転車

「楽あれば苦あり、苦あれば楽あり」。この言葉、小学校二年生の時に担任の先生からよく聞きました。もちろん人生訓めいたものとしてではなく、ただ子どもたちが面倒くさがる漢字や算数の練習問題を続けさせるためにおっしゃっていたのでしょうが。

三方を山に囲まれている京都の町を自転車で走っているとすぐに、この言葉を思い出します。南から北へのゆるやかな傾斜。歩いている分にはなかなかそうは感じませんが、ペダルの重さや軽さで傾斜がすぐにわかります。

ちょうど町の真ん中あたりにある私の家から北へ向かって行くときは、ゆるやかながらも上り坂。それなりに足に力を入れて上っていきます。帰りは、一度ペダルをこぐと次の交差点までそのまま着いてしまうくらいの下り坂で、楽なのです。

いつごろから自転車に乗れるようになったのか考えてみますと、なかなか助けごま（補助輪）が外せず、がらがらと音をたてて走り回っていた幼い自分を思い出します。

ある日、思い切って補助輪を外してみました。後ろを支えてもらい、何度も転びながら、バランスが取れるようになり、グラグラしながらもひとりで乗れるようになりました。

両手放しの運転まではできませんが、補助輪が外せたあの時の爽快感は、忘れません。

うちの店に、四月に入社した新入社員たちも、半年もたつとだいぶ一人前に仕事ができるようになってきました。新入社員たちも見よう見まねだけではなく、私どもでつくっている動画などで学び以前と比べて上達速度も早くなったような気もします。でもいろいろと覚えても、「どの種類のお茶も、いつでもお客さまにおいしく淹れられる」という自信は、そう簡単にはつきません。つい先輩を頼ったり、チャンスを見送るケースが多いようです。

しかし、思い切ってチャレンジしたとき、「上手になったね」とか「さっきのおいしかった」と一言いわれると、急に自信がついてひとり立ちができるようです。そんなとき私は、ああ、やっと補助輪が取れたのかなと、ほほ笑ましくながめています。

余談ですが今では、補助輪付ではなくペダルなしにして、足で蹴って進んでいく子ども用自転車が全盛となりました。バランスがつかめるとペダルをとりつけてうまく走り出すものです。

紅葉

木々が色づき、あちこちの木立も美しく、また地面に散り落ちた葉も見事な色で、きれいですね。そして樹木ばかりでなく、足元の「いぬたで」や「きんみずひき」「どくだみ」といった草花の葉っぱも、紅葉して、何だかまた違う種類の植物のように見えます。

アメリカのボストン辺りや、カナダ東部の「メイプルツリー」、パリの「マロニエ」などの木々も、秋になると紅葉し、それはそれは美しいと聞きます。でも何とはなしに、はかなさや移ろいやすさを愛《め》でるという点では、日本のいろんな木々の紅葉の方が、風情があるように思います。

常緑樹の「椿」などは、これからいよいよ花の季節。青々とした元気な葉が茂り、蕾《つぼみ》がたくさんついています。でも同じ常緑樹の仲間でも、「ユズリハ」は少し違います。若葉が育ったあと、古葉が落葉樹のように黄色に色変わりして、落ちていきます。このようなことから「譲葉」といわれ、正月の縁起物のお飾りとして使われるそうです。

きれいな色の散りもみじや柿《かき》の葉も、時間が経《た》つにつれてくるくると巻いたり、かさかさに乾いてこわれてゆきます。読みかけの本に、はさんでおくのもよいかもしれません。でも友人が「きれいな葉は洗って水気をよくふき取って、ビニール袋に入れて冷凍するの」と教えてくれました。

こうしておくと、料理を盛ったお皿にちょっと飾ったり、葉をお皿代わりにもできます。何よりも、冷凍庫の中が華やいだ感じになって、とても楽しいのです。

おくりもの

先日お客さまから、結婚式の引き出物で、お茶を使った自分たちだけのオリジナルの物を渡したいんだけど、とご相談がありました。ご予算もあるので、お二人が見つけられた袋に、ほうじ茶、煎茶、玉露のティーバッグを入れて作られてはと、お勧めしました。

お茶の木は一度植えたら植え替えができない、また根が地中深くまっ直《す》ぐに伸びるということで、今でも結納のしるしにお使いになる地方があるようです。また、お茶は摘んでも摘んでも芽が出るところから、目出度い縁起物としても使われます。ご進物としてお求めくださったときの熨斗《のし》の表書きは、元気だったときは母が、今は私が筆で書かせていただいております。病が回復され、お見舞いのお礼にとお茶をお使いくださることもあります。母は「昔は本復祝って言ったんやけど」と不思議がっておりましたが、この頃は「快気祝で」とご指示を受けます。存じあげぬお人のことではありますが、私は書きながらついつい心の中で、ああ良くなられてよかったと思ってしまいます。

ご出産の折の「内祝」として書くときは、お子さんのお名前の横に読みがなもつけます。きっとこのお名前、ご両親が考えて考えてお付けになったんだわ、などと楽しい想像をしてしまいます。もちろん最近はその名前にも大いなる変化はあるのですが。

故人の好物がお茶だったからと、供養《くよう》の品にもお使いくださいます。戒名の文字から、この方は音楽がお好きだったのかしら、山登りのお好きな方だったのかしらなど と、いろいろ思いをめぐらします。

でも最も気を使うのは、間違った字を書かないことです。これが、とても難しいこと。名前には独特の文字が使われることもあり、常用漢字に無い文字もあります。漢和辞典はもちろん、横画一本あるかどうかを調べるための虫眼鏡も、必需品です。今はパソコンでもうまくレイアウトできる文字ソフトもあるので手書きばかりとは限りません。しかし贈り主に代わって書かせていただくのですから、心を込めてとはこのことでしょうか。

お茶に限らず何にでもいえるのですが、お相手のご家族やお好みも考え合わせて選ばれると、いっそう気の利《き》いた贈り物になるはずです。

猫手

落語で、フーフーと冷ます仕草をまねながら熱いものを飲む場面があります。のどを通り、そのあと「あはー」と思わず声を出すところは、いかにもおいしそうに聞こえます。

京料理の老舗《しにせ》のご主人たちが、パリでフランス人にその料理を披露する、という番組を以前見ました。その中で一番印象に残ったのは、熱いおつゆたっぷりの煮物椀《にものわん》が出された場面でした。私も、温かい物は冷めないように熱くして、冷たいものは冷たいうちに、それこそがおもてなしの基本と習ったことがありました。

ところが、フランス人の、しかも和食にかなり興味を持っている人たちのはずなのに、「すする」という動作がマナー違反になるのか、折角のその「熱々」のごちそうを楽しめていないようでした。もしかして、フランス人は猫舌の人が多いのかしら、とも思ってしまいました。フーフーと息を吹きかけたり、すすったりして適温に近づけるのは、私たちの生活の知恵かもしれません。

そういえば、うちの息子もかなりの猫舌です。彼と差し向かいで、おうどんなどいただきますとたいへんです。お箸《はし》ですくったうどんを冷ますために、思いっきり息を吹きかけるのです。これは、女の子とデートのときには注意した方が……と思ったのは、お節介な母なのでしょうか。

ところで、お茶にもいろいろありますが、ほうじ茶や番茶は、熱湯をそのまま使ってお茶を淹れます。落語のお茶はきっとこれでしょう。玉露や煎茶は、熱湯を冷ました方がその持ち味を存分に楽しめます。

ですから、煎茶の場合、湯のみ茶碗に一度お湯をとって、それから急須《きゅうす》に入れてくださることをお勧めします。すると器も温まり、茶葉にとっても適温となります。玉露の場合、三つほどの湯のみ茶碗に次々と移しかえてくださると、簡単に湯冷ましができ適温になります。温かなお茶が、ほっと一息つくのに役立つ季節です。

熱いものを、持つのも苦手な猫舌の息子は、薄手の湯のみ茶碗のときも大騒ぎ。うちではそれを「猫手」と呼んでいます。

貿易

近ごろ、八百屋さんの店先も、ずいぶんインターナショナルになりました。国内での収穫期が終わると、オクラはフィリピン、グリーンアスパラガスはタイから……。きっと、鮮度を保っての輸送が可能になったからでしょう。

ところで明治維新の後、殖産興業の政策に沿って日本から海外へ輸出された品、といえば「生糸」が筆頭にあげられます。でも輸出高でいうと、その次あたりに「緑茶」が名を連ねていたのは、あまり知られていないと思います。

うちの店には、輸出向けデザインの茶櫃《ちゃびつ》のラベルが残っていて、横浜や神戸に住んでいた外国人の貿易商の手を経て、ほとんどがアメリカ向けに輸出されていたと聞きます。今で言えば「電気製品」や「自動車」に当たるのでしょうか。茶業界がかつては花形輸出産業だったというのは、ちょっとびっくりでしょう。

角山栄『茶の世界史』(中公新書)に依《よ》りますと、そのころのアメリカでは、コーヒーと紅茶と緑茶による市場獲得競争が激しく行われ、やがてコーヒーが優位に立って、明治の終わりころには、緑茶の対米輸出もほとんどなくなっていったそうです。当時のアメリカでは、緑茶に砂糖とミルクを入れて飲んでいた、といいます。

英国の紅茶も、大昔から飲まれていたように思ってしまいますが、大航海時代が始まり、東インド会社が設立されてからのことです。日本で言えば江戸初期のころからということになります。初めのうちは、緑茶の扱い量が多かったそうですが、やがて紅茶を飲むように変わっていったようです。

最近はインターネットで、海外からも簡単にお茶の注文をいただけるようになりました。異国の方が玉露のおいしさに感動され、感想をすぐにメールでいただけるのも、今の時代ならではのことです。

大晦日《おおみそか》

私が高校生のころ、大晦日の真夜中は、電話で仲の良い友達と一緒に時間を共有したものでした。ドキドキしながら時計を見つめ、年の明ける瞬間を待って「おめでとう」を言い合い、ただそれだけで感激したものでした。あのころメールはもちろん携帯電話もなく、しかも家の電話機は玄関に置いてあったので寒さに震えていたのを覚えています。

生まれも育ちも京都の夫の母は、大晦日の店の様子をなつかしみ、今時のように通り全体が静かではなかったとよく申しておりました。御用納めがおわると申し合わせたようにそれぞれのお店の前には「賀正」と書かれた紙が貼《は》り出され、お正月明けまでお休みになるお店が多くなります。このごろは、三十日ともなりますと静かなものです。

お蔭《かげ》さまでお正月用の抹茶やお為《ため》（お年賀の小さな返礼）にされるもの、またお寺さんなどに新年ご挨拶《あいさつ》でお持ちになるものとして、たくさんの方が私どものお茶を選んでくださいます。自転車やお車でささっと足早にいらっしゃる方も多いのですが、年末から年始にかけて京都にご滞在の観光客の方が散策がてらにお立ち寄りくださることもございます。

簡単なお節《せち》の下ごしらえやお雑煮のお出しをひいておくなど私には台所仕事もあるのですが、合間に店や作業場に飾るお正月の輪飾りをこしらえます。頂き物に付いてくる紅白の水引を取っておき、それを使って輪飾りにウラジロと譲葉《ゆずりは》をくりつけ、いつまことに簡素なものを拵《こしら》えます。神棚やお仏壇も少し早めに掃除を済ませます。いつも節分の頃に前の年に頂戴《ちょうだい》したあちこちのお宮のお札を納めるので、うちの神棚は年越しの頃は頂いたお札で満杯になっています。お供えの御榊《おさかき》もお正月らしく真ん中に松の枝と梅の枝、そして笹《ささ》の葉の付いたものが届いておりました。つきたてのお餅《もち》から形の良いものを選び小さな橙《だいだい》をあしらう飾り餅もお供えします。清酒に御屠蘇《おとそ》の小袋を漬けておくのも忘れがちなことです。

お正月明けに店を開けたときに困らないよう、しつらいを時候に合わせて替えておくのも、年末最後の私の仕事です。新年らしいお軸や、少しおめでたい花入れを用意します。お箸袋に家族の名前を書くなど、しなければならないことをメモに箇条書きに走り書きしておき、出来たことから消していく——母がやっていたようにあれこれ思い出しながら準備をいたします。見よう見真似《みまね》で続けてきていますが、息子のお嫁さんもきっとこうしてやってくれるでしょう。

大晦日は夜が更《ふ》けるにつれ、昔は初詣《はつもうで》に出かけるお人の下駄の音が通りに鳴り響いたと聞きましたが、近頃はこの寒い季節、下駄を履く人もあまり見かけません。ましてや高校生だったころのように、ドキドキして新年を迎えるような特別感も薄れてきました。とはいえ京都の町中に住まいをしていると変わることなく除夜の鐘はあちらこちらから、大きいの小さいのが風に乗って聞こえてまいります。何と贅沢《ぜいたく》なことでしょう。

そんな京の町に変わることなく陽が昇れば、清々《すがすが》しい新しい年が始まります。

あとがき

お茶の美味《おい》しさをできるだけ多くの方々に知っていただけたら、と常々思って暮らしてきました。そうした日々とお茶をめぐるさまざまな話を綴《つづ》ったのがこの本です。単行本が出たのは五年ほどまえ、還暦を迎えたばかりの頃でした。いま読み返してみると、ずいぶん昔のことのようにも思えます。少し前まではたいしたトラブルもなかった身体《からだ》の不調や変化に驚き、それなりに対処しつつ、一喜一憂しながら、これが年を重ねていくことなのかと実感しております。

大きな災害が少ないと言われてきた京都も、平成三十年九月の台風では、強風と雨であちこちに甚大《じんだい》な被害がありました。私どもの店のすぐ近くの京都御所や鴨川《かもがわ》の土手の大木がなぎ倒され、見るも無残な状態となりました。地中深く頑丈な根を張っているかのように見えていた樹々でしたので、自然の力の壮絶さを改めて思い知らされました。

またべつの台風のおり、嵐山《あらしやま》付近を流れる桂川《かつらがわ》が氾濫《はんらん》したことがありました。下流の河川敷に茶畑を持っている方がおられ、大水につかって大変な被害でしたが、水や泥をかぶりながらも茶の木が流されることはありませんでした。

最近、その河川敷にある茶畑の一部が改植されることになり、滅多に立ち会えない作業を見学させていただきました。改植とはそれまでに植わっていた茶樹を引き抜き、新たに苗木を植えることとです。茶樹が老齢化すると、収穫量が減り、品質も低下してくるのだそうです。

まず地上に出ている部分を電動カッターで膝下《ひざした》ほどに切り落とします。その小枝など一部は燃やしたりして処分場に運び、深く広く張っている根っこはユンボ（掘削用建設機械）を使って引き抜きます。このあと土壌を平らに整地してから新しい苗木を植えていくのです。

刈り取られた茶の木は秋から冬は休眠期にはいり、春を迎えると、根からゆっくりと栄養や水分を吸い上げて四月の芽吹きを迎えます。――お客さまにそうご説明していた私ですが、掘り出された根の太さや曲がり具合を目《ま》の当たりにして、その力強さに感嘆しました。改植の作業には大変な労力が必要なのです。茶畑の広がる山々での改植はなおのこと困難でしょう。しかも、苗木が育って本格的に収穫できるようになるまでには五年はかかるそうです。茶農家の方々がどれほどの手間と労力をかけてお茶を育ててくださっているか——改めて感謝の気持ちがこみあげてきました。

母が残してくれたガラスの飾り棚のなかに、これも母譲りの小さな木彫りの人形があります。お茶の幹の曲がった部分をうまく茶摘み籠《かご》に見立て、きれいに色付けしたかわいらしい茶摘み娘です。きっと改植のおりに刈り取られた幹の部分からつくられたものでしょう。改植の作業を知ってから見ると、なおさらいとしく見えるようになりました。

さて、私どもの京都の店に「嘉木《かぼく》」という喫茶室を設け、お客さまご自身にお茶を淹《い》れていただくスタイルにしてから、もうずいぶんの月日が流れています。お菓子選びから取り合わせまで、試行錯誤を重ねてきましたが、いちばん難しいのはお客さまへの説明の仕方です。

お茶についてある程度ご存知の方もいらっしゃれば、急須《きゅうす》で淹れたことのないような初心者の方もいらっしゃる。年代もご経験もさまざまなこうしたお客さまに、淹れ方や楽しみ方をわかりやすくお伝えするのは容易ではありません。皆で日々考えるなか、選ぶ言葉も少しずつ変わってきました。

たとえば、煎茶《せんちゃ》のために熱湯をいったん湯冷ましすることをお伝えするのにも、ただ「適温は八〇度です」というより、「茶碗《ちゃわん》に一度入れたお湯を眺めてみましょう。立ち上る湯気の様子はいかがでしょう。まっすぐ上がっていたのが少し減ってゆらゆらしてきましたね……これでおよそ八〇度くらいです、煎茶にちょうど良い湯温になっています。さあ急須に移してみましょう」と、湯気の様子を目安にする方がわかりやすいはずです。立ち上る湯気を眺めることなど普段の生活ではあまりなくなっていますが、よく観察すると、確かに四〇秒くらいで少しずつ変化しているのがわかります。

また煎茶の一煎目は急須にお湯を入れてから一分ほど待って抽出しますが、ほうじ茶などはごく短い時間でさっと淹れます。「急須に直接熱湯を入れて蓋《ふた》をしたら、深呼吸を一回、さあすぐにお湯呑《ゆの》みに出してみましょう」と申し上げると、注がれたほうじ茶の香りがふわりと広がり、「こんなにすぐ淹れていいんですね」とお客さまの弾む声が聞こえてまいります。

最近は海外からのお客さまのために英語などでご説明する機会も増えてきました。平成二十五年からは、縁あってニューヨークのマンハッタンに小さな売り場を設けることができました。場所はグランドセントラル駅の近く、「嘉日」という精進料理のお店の階下の一部です。お酒と並んでメニューにお茶を加えてくださっているお店が階上というありがたい環境で、試飲やテイクアウトのお茶を通じて、日本茶の魅力を少しずつ伝えられたように思います。いまでは日本語の「matcha」という言葉がそのまま通じるほど親しんでいただけるようになりました。私どもだけでなく、日本茶を扱うほかのお店の活動もあって、街のあちこちに抹茶を扱うカフェやお店が大変な勢いで増えています。

抹茶をおいしく飲むには一度ふるってから点《た》てる方がもちろんよいのですが、私たちが日頃気にしている静電気によるダマの存在もさほどマイナスには捉《とら》えられないということも新鮮な発見でした。健康志向の高まりやインターネットを入口に茶道や禅への関心が広まっているからだけでなく、味や香りに魅了され、日常的に愛飲してくださる方が増えているのも新しい展開と感じます。これはアメリカに限らず、ヨーロッパなどの国々でも同様のようです。昨年、アメリカの有名な抹茶カフェが東京でポップアップショップを開き、大勢のお客さまを集めたというニュースにはびっくりしました。こうなってくると、昨今の抹茶菓子ブームとも相まって、抹茶はもはや古くて新しい飲みものと考えるべきなのかもしれません。

また最近のことですが、パリで小さなイベントがあり、私も出張してちょっと変わった試みをいたしました。ちょうどクリスマス前でしたので、お茶をプレゼント用にラッピングしてお渡しすることにして、茶畑や日本茶、大福茶（お正月用の玄米茶）の淹れ方などをご説明したうえで、私どもの店の和紙の包装紙を使ってラッピングし、紅白の熨斗紙《のしがみ》に毛筆で名入れをして差し上げるというプランでした。うれしかったのは、持っていった手軽なティーバッグよりも、急須で茶葉から淹れるお茶の方に断然興味を持っていただけたことでした。

紅茶の国と言われるイギリスでも、今では圧倒的にティーバッグが優勢と聞きます。長い時間を経て生活文化が成熟すると、より手軽な方法に変化していくのかもしれません。でも、ペットボトルのお茶しか知らない日本の若い世代の方々なら、フランスの方々のように茶葉から淹れるお茶に新鮮な興味を持ってくださるかもしれない……そんなうれしい予感が光のようによぎりました。

『お茶の味』をお読みいただき、美味しいお茶を淹れて一息ついてみようかなとか、今日の午後、ちょっと抹茶を点ててみようかな、などと思っていただけたら、こんなに幸せなことはありません。

私が書きはじめるのを気長に待って、「考える人」に連載してくださった新潮社の須貝利恵子さん、単行本にまとめてくださった疇津真砂子さん、文庫化ご担当の眞板響子さん、そして今回も挿絵を描いてくださった塩川いづみさんにこの場を借りて感謝を申し上げます。原稿を率先して読んで応援してくれた夫にも、心から「ありがとう」と伝えさせてください。

令和二年二月十六日

渡辺　都

初出について

本書は下記の連載がもとになっています。「京都寺町　春・夏・秋・冬」「一保堂のこと」「お茶まわりのおはなし」は季刊誌『考える人』二〇〇九年春号〜二〇一四年春号の連載「京都寺町お茶ごよみ」全二十一回を改稿したものです。

「お茶の時間」は、『京都新聞』二〇〇一年四月五日〜二〇〇二年三月二十八日の全四十五回より三十五回分を選び出し、改稿しました。

「お茶まわりのおはなし」中の「茶事のよろこび」「お稽古のこと」は単行本書き下ろしです。

この作品は平成二十七年二月新潮社より刊行された。

平松洋子著

おいしい日常

おいしいごはんのためならば。小さな工夫から愛用の調味料、各地の美味探求まで、舌が悦ぶ極上の日々を大公開。

平松洋子著

平松洋子の台所

電子レンジは追放！ 鉄瓶の白湯、石釜で炊くごはん、李朝の灯火器……暮らしの達人が綴る、愛用の台所道具をめぐる59の物語。

平松洋子著

おとなの味

泣ける味、待つ味、消える味。四季の移り変わりと人との出会いの中、新しい味覚に出会う瞬間を美しい言葉で綴る、至福の味わい帖。

平松洋子著

夜中にジャムを煮る

つくることと食べることの幸福が満ちる場所。それが台所。笑顔あふれる台所から、食材と道具への尽きぬ愛情をつづったエッセイ集。

平松洋子著

焼き餃子と名画座
―わたしの東京　味歩き―

どじょう鍋、ハイボール、カレー、それと……。あの老舗から町の小さな実力店まで。山の手も下町も笑顔で歩く「読む味散歩」。

平松洋子著

味なメニュー

老舗のシンプルな品書きから、人気居酒屋の日替わり黒板まで。愛されるお店の秘密をメニューに探るおいしいドキュメンタリー。

畠中恵作
柴田ゆう絵
新・しゃばけ読本
物語や登場人物解説などシリーズのすべてがわかる豪華ガイドブック。絵本『みぃつけた』も特別収録！『しゃばけ読本』増補改訂版。

畠中恵著
しゃばけ
日本ファンタジーノベル大賞優秀賞受賞
大店の若だんな一太郎は、めっぽう体が弱い。なのに猟奇事件に巻き込まれ、仲間の妖怪と解決に乗り出すことに。大江戸人情捕物帖。

畠中恵著
高橋留美子ほか
しゃばけ漫画
―仁吉の巻―
高橋留美子ら7名の人気漫画家が、「しゃばけ」の世界をコミック化！若だんなや妖たちに漫画で会える、夢のアンソロジー。

畠中恵著
萩尾望都ほか
しゃばけ漫画
―佐助の巻―
「しゃばけ」が漫画で読める！萩尾望都ほか豪華漫画家7名が競作、初心者からマニアまで楽しめる、夢のコミック・アンソロジー。

畠中恵著
つくも神さん、お茶ください
「しゃばけ」シリーズの生みの親ってどんな人？デビュー秘話から、意外な趣味のこと、創作の苦労話などなど。貴重な初エッセイ集。

畠中恵著
さくら聖・咲く
―佐倉聖の事件簿―
政治の世界とは縁を切り、サラリーマンになる。そう決意した聖だが、就活には悪戦苦闘!? 爽快感溢れる青春ユーモア・ミステリ。

田辺聖子著

文車日記

古典の中から、著者が長年いつくしんできた作品の数々を、わかりやすく紹介し、そこに展開された人々のドラマを語るエッセイ集。

田辺聖子著

朝ごはんぬき？

三十一歳、独身ＯＬ。年下の男に失恋して退職、人気女性作家の秘書に。そこでアラサー女子が巻き込まれるユニークな人間模様。

田辺聖子著

姥ざかり

娘ざかり、女ざかりの後には、輝く季節が待っている——姥よ、今こそ遠慮なく生きよう、76歳〈姥ざかり〉歌子サンの連作短編集。

田辺聖子著

姥ときめき

年をとるほど人生は楽し、明るく胸をはって生きて行こう！　老いてますます魅力的な77歳歌子サンの大活躍を描くシリーズ第2弾！

田辺聖子著

姥うかれ

女には年齢《とし》の数だけ花が咲く、花の数だけ夢が咲く。愛しのシルバーレディ歌子サン、大活躍！『姥ざかり』『姥ときめき』の続編。

田辺聖子著

孤独な夜のココア

心の奥にそっとしまわれた甘苦い恋の記憶を、柔らかに描いた12篇。時を超えて読み継がれる、恋のエッセンスが詰まった珠玉の作品集。

河合隼雄著
働きざかりの心理学
「働くこと＝生きること」働く人であれば誰しもが直面する人生の〝見えざる危機〟を心身両面から分析。繰り返し読みたい心のカルテ。

河合隼雄著
こころの処方箋
「耐える」だけが精神力ではない、「理解ある親」をもつ子はたまらない――など、疲弊した心に、真の勇気を起こし秘策を生みだす55章。

河合隼雄著
猫だましい
心の専門家カワイ先生は実は猫が大好き。古今東西の猫本の中から、オススメにゃんこを選んで、お話しいただきました。

河合隼雄著
岡田知子絵
泣き虫ハァちゃん
ほんまに悲しいときは、男の子も、泣いてもええんよ。少年が力強く成長してゆく過程を描く、著者の遺作となった温かな自伝的小説。

河合隼雄
柳田邦男著
心の深みへ
―「うつ社会」脱出のために―
こころを生涯のテーマに据えた心理学者とノンフィクション作家が、生と死をみつめ議論を深めた珠玉の対談集。今こそ読みたい一冊。

河合隼雄著
こころの最終講義
「物語」を読み解き、日本人のこころの在り処に深く鋭く迫る河合隼雄の眼……伝説の京都大学退官記念講義を収録した貴重な講義録。

角田光代著

キッドナップ・ツアー

産経児童出版文化賞・路傍の石文学賞受賞

私はおとうさんにユウカイ(=キッドナップ)された! だらしなくて情けない父親とクールな女の子ハルの、ひと夏のユウカイ旅行。

角田光代著

おやすみ、こわい夢を見ないように

もう、あいつは、いなくなれ……。いじめ、不倫、逆恨み。理不尽な仕打ちに心を壊された人々。残酷な「いま」を刻んだ7つのドラマ。

角田光代著

さがしもの

「おばあちゃん、幽霊になってもこれが読みたかったの?」運命を変え、世界につながる小さな魔法「本」への愛にあふれた短編集。

角田光代著

しあわせのねだん

私たちはお金を使うとき、べつのものも確実に手に入れている。家計簿名人のカクタさんがサイフの中身を大公開してお金の謎に迫る。

角田光代
鏡リュウジ著

12星座の恋物語

夢のコラボがついに実現! 12の星座の真実に迫る上質のラブストーリー&ホロスコープガイド。星占いを愛する全ての人に贈ります。

角田光代著

よなかの散歩

役に立つ話はないです。だって役に立つことなんて何の役にも立たないもの。共感保証付、小説家カクタさんの生活味わいエッセイ!

江國香織著

きらきらひかる

二人は全てを許し合って結婚した、筈だった……。妻はアル中、夫はホモ。セックスレスの奇妙な新婚夫婦を軸に描く、素敵な愛の物語。

江國香織著

こうばしい日々

坪田譲治文学賞受賞

恋に遊びに、ぼくはけっこう忙しい。11歳の男の子の日常を綴った表題作など、ピュアで素敵なボーイズ&ガールズを描く中編二編。

江國香織著

つめたいよるに

愛犬の死の翌日、一人の少年と巡り合った女の子の不思議な一日を描く「デューク」、デビュー作「桃子」など、21編を収録した短編集。

江國香織著

ホリー・ガーデン

果歩と静枝は幼なじみ。二人はいつも一緒だった。30歳を目前にしたいまでも……。対照的な女性二人が織りなす、心洗われる長編小説。

江國香織著

流しのしたの骨

夜の散歩が習慣の19歳の私と、タイプの違う二人の姉、小さな弟、家族想いの両親。少し奇妙な家族の半年を描く、静かで心地よい物語。

江國香織著

すいかの匂い

バニラアイスの木べらの味、おはじきの音、すいかの匂い。無防備に心に織りこまれてしまった事ども。11人の少女の、夏の記憶の物語。

小川洋子著

薬指の標本

標本室で働くわたしが、彼にプレゼントされた靴はあまりにもぴったりで……。恋愛の痛みと恍惚を透明感漂う文章で描く珠玉の二篇。

小川洋子著

まぶた

15歳のわたしが男の部屋で感じる奇妙な視線の持ち主は？ 現実と悪夢の間を揺れ動く不思議なリアリティで、読者の心をつかむ8編。

小川洋子著

博士の愛した数式
本屋大賞・読売文学賞受賞

80分しか記憶が続かない数学者と、家政婦とその息子――第1回本屋大賞に輝く、あまりに切なく暖かい奇跡の物語。待望の文庫化！

小川洋子著

海

「今は失われてしまった何か」への尽きない愛情を表す小川洋子の真髄。静謐で妖しく、ちょっと奇妙な七編。著者インタビュー併録。

小川洋子著

博士の本棚

『アンネの日記』に触発され作家を志した著者の、本への愛情がひしひしと伝わるエッセイ集。他に『博士の愛した数式』誕生秘話等。

小川洋子
河合隼雄著

生きるとは、自分の物語をつくること

『博士の愛した数式』の主人公たちのように、臨床心理学者と作家に「魂のルート」が開かれた。奇跡のように実現した、最後の対話。

梨木香歩著

西の魔女が死んだ

学校に足が向かなくなった少女が、大好きな祖母から受けた魔女の手ほどき。何事も自分で決めるのが、魔女修行の肝心かなめで……。

梨木香歩著

からくりからくさ

祖母が暮らした古い家。糸を染め、機を織る、静かで、けれどもたしかな実感に満ちた日々。生命を支える新しい絆を心に深く伝える物語。

梨木香歩著

りかさん

持ち主と心を通わすことができる不思議な人形りかさんに導かれて、古い人形たちの遠い記憶に触れた時――。「ミケルの庭」を併録。

梨木香歩著

エンジェル エンジェル エンジェル

神様は天使になりきれない人間をゆるしてくださるのだろうか。コウコの嘆きがおばあちゃんの胸奥に眠る切ない記憶を呼び起こす。

梨木香歩著

春になったら莓を摘みに

「理解はできないが受け容れる」――日常を深く生き抜くことを自分に問い続ける著者が、物語の生れる場所で紡ぐ初めてのエッセイ。

梨木香歩著

ぐるりのこと

日常を丁寧に生きて、今いる場所から、一歩一歩確かめながら考えていく。世界《ぐるり》と心通わせて、物語へと向かう強い想いを綴る。

新潮文庫最新刊

横山秀夫著
ノースライト
誰にも住まれることなく放棄されたY邸。設計を担った青瀬は憑かれたようにその謎を追う。横山作品史上、最も美しいミステリ。

畠中恵著
またあおう
若だんなが長崎屋を継いだ後の騒動を描く「かたみわけ」、屛風のぞきや金次らが昔話の世界に迷い込む表題作他、全5編収録の外伝。

畠中恵著
川津幸子 料理
しゃばけごはん
卵焼きに葱鮪鍋、花見弁当にやなり稲荷……しゃばけに登場する食事を手軽なレシピで再現。読んで楽しく作っておいしい料理本。

小泉今日子著
黄色いマンション 黒い猫
思春期、家族のこと、デビューのきっかけ、秘密の恋、もう二度と会えない大切なひとたち……今だから書けることを詰め込みました。

高杉良著
辞表
―高杉良傑作短編集―
経済小説の巨匠が描く五つの《決断の瞬間》とは。反旗、けじめ、挑戦、己れの矜持を賭けた戦い。組織と個人の葛藤を描く名作。

三川みり著
天翔る縁
龍ノ国幻想2
皇尊即位。新しい御代を告げる宣儀で、龍を呼ぶ笛が鳴らない――「嘘」で皇位を手にした罰なのか。男女逆転宮廷絵巻第二幕！

お茶《ちゃ》の味《あじ》

京都寺町 一保堂茶舗

新潮文庫　わ－14－1

令和二年六月一日発行
令和三年十二月十五日三刷

著者　渡《わた》辺《なべ》都《みやこ》

発行者　佐藤隆信

発行所　株式会社 新潮社

郵便番号　一六二―八七一一
東京都新宿区矢来町七一
電話　編集部(〇三)三二六六―五四四〇
　　　読者係(〇三)三二六六―五一一一
https://www.shinchosha.co.jp

価格はカバーに表示してあります。

印刷・大日本印刷株式会社　製本・加藤製本株式会社

ISBN978-4-10-102141-6 C0177